Japanese Cuisine

NCS 기반

일본요리

✳ 일본요리의 기초이론과
현장 실무진의 탄탄한 노하우

윤중석 · 이현석 · 경영일 · 김정은 공저

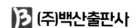 (주)백산출판사

일본요리를 선호하는 사람들은 일식만의 깔끔함과 정교함, 그리고 건강함을 매력이라 말하고 있습니다. 이러한 일식의 매력은 국내뿐만 아니라 다른 모든 나라에서도 세련된 트렌드로 인정하고 있습니다. 이에 저자들은 이러한 일본요리를 오랜 시간 현장에서 갈고 닦은 경험과 특급 호텔에서의 풍부한 노하우를 바탕으로 함께 고민하고 연구하면서 세상에 내놓게 되었습니다.

책의 앞부분에서는 일본요리의 기초 이론에 대해 상세하게 설명하였으며, 후반부의 실기부분에서는 현장 실무진의 탄탄하고 오래된 노하우를 바탕으로 일식조리기능사 및 복어조리기능사, 그리고 조리산업기사 실기시험문제를 일목요연하게 집필하였습니다. 이를 토대로 일식을 배우는 학생들과 자격증 취득을 목표로 하는 수험자들에게 도움이 되고자 아래와 같은 사항들에 중점을 두고 구성하였습니다.

첫째, 일본요리의 가장 기본적이면서 빠질 수 없는 채소 썰기와 조리도구의 손질법을 선명한 컬러사진과 상세한 설명으로 누구나 쉽게 이해할 수 있도록 하였습니다.

둘째, 국가직무능력표준(NCS)에 맞춰 구성하였으며, 일식복어조리 직무내용도 함께 수록하였습니다.

셋째, 일본요리의 핵심인 생선 손질요령을 명쾌하게 설명함으로써 현장에 나가서도 손쉽게 적응할 수 있도록 하였습니다.

넷째, 산업인력관리공단에서 주관하는 일식조리기능사, 복어조리기능사 자격시험에서 제시되는 지급재료와 요구사항에 맞춰 조리된 요리사진을 실었습니다.

일본요리를 열정적으로 배우며 자격증 취득을 준비하는 학생들이나 수험자들에게 도움을 주고자 많은 정성과 노력을 기울였으나, 이러한 저자들의 노력에도 불구하고 미비한 점이 많을 것입니다. 앞으로 개정을 통해 좀 더 좋은 책으로 거듭날 수 있도록 최선을 다하겠습니다.

끝으로, 책이 완성되기까지 많은 도움을 주신 선후배님들께 지면으로나마 고마운 마음을 전합니다. 아울러 교재로 세상에 나오기까지 물심양면으로 도움을 주신 백산출판사의 진욱상 사장님과 촉박한 일정에도 세심한 편집으로 책을 예쁘게 만들어주신 편집부 직원 여러분께 진심으로 감사드립니다.

2017년
저자 씀

차례

4 일본요리 105

5 일식국가기술자격검정시험 117

일본요리의 개요

제1장

1 일식의 개요

일본은 지리적 특성상 요리의 소재가 우리나라와 유사한 점을 보인다.

삼면이 바다인 점과 사계절의 특성으로 다양하고 특색 있는 식재료가 나오기도 하며 다른 나라에 비해 향신료의 사용이 적고 식품 고유의 맛을 선호한다.

다른 특징으로 일본에서는 한상으로 반찬과 국이 같이 나오고 쌀을 주로 섭취한다.

또한, 재료 안에서도 식탁 예절, 음식을 먹는 순서와 같은 면에서 다른 점도 많다.

이 중에서 생선을 생으로 먹는 요리인 사시미 요리가 발달하여 일본요리 사상인 재료의 담백한 맛을 극한으로 살린다는 것을 보여준다.

일본요리는 미적으로도 굉장히 중요시여겨 눈으로 먹는 요리라고 불리며, 재료 고유의 맛과 멋을 중요시하기도 하여 음식을 담아낼 때도 섬세하고 보기 좋게 담아서 올린다.

이로 인하여 식기를 고를 때도 음식의 맛과 멋을 살릴 수 있는 식기로 까다롭게 골라낸다.

또한, 외국의 조리법과 자신들이 조리법으로 다시 만들어낸(화혼양재) 경우도 적지 않다. 그러한 요리도 외국인들에게 일식으로서 극찬을 받고 있으며, 현재는 세계적으로 퍼져 모두의 입맛을 끌고 있다.

이처럼 일식은 맛과 멋을 모두 중요시여기며 외부의 조리법도 받아들여 현재 세계적으로 사랑받는 요리이다.

2 일식의 특징 및 발전사

1) 일식의 특징

(1) 각 계절에 주로 생산되는 제철 재료를 사용하면서 재료 본연의 맛을 살린다.

(2) 다채로운 재료들을 적절히 배합하여 영양학적으로도 조화로운 요리를 선호한다.

(3) 일식은 눈으로 먹는 요리라 불릴 만큼 미적인 부분도 중요시한다. 그만큼 색의 조화, 식기 선택 등도 중요시여긴다.

(4) 요리를 담을 때는 소량의 양을 담아내며 공간을 넉넉하게 하여 담아낸다.

그 외에도 오른쪽에서 왼쪽으로 담는 것을 원칙으로 하며, 그릇 바깥쪽에서 본인 앞쪽으로 담거나 생선 머리는 왼쪽으로 가고 배 부분은 손님 앞으로 오게 담는 것을 기본으로 한다.

2) 일식요리법의 기본

일식의 기본인 오색(五色), 오미(五味), 오법(五法) 등을 기초로 하여 일식요리를 만든다.

- 오색(五色) : 흰색, 노란색, 빨간색, 청색, 검은색
- 오미(五味) : 단맛, 짠맛, 쓴맛, 신맛, 매운맛
- 오법(五法) : 생것, 조림, 찜, 구이, 튀김

3 일식의 역사

1) 일식의 시대별 역사

(1) 죠몬 토기시대(B.C. 700~B.C. 3세기경)

대부분의 음식이 생식이나 햇볕에 말린 것이 많았을 것이라고 예상한다.

(2) 야요이시대(B.C. 3~6세기경)

현미 형태의 벼농사가 시작한 시기이며, 죠몬 토기시대에 비해 국류의 음식이

많아졌다.

(3) 나라시대(710~794)

술이 본격적으로 발달한 시기로 보존 식품의 대부분은 건조품 또는 소금에 절인 것이었다. 중국의 과자가 유입되면서 당과자가 생겨났다.

(4) 헤이안시대(794~1185)

이때 당시에 신라, 당나라와의 국제적 교류가 활발해져 조리법이 발달하면서 이 시기를 '일본 식생활의 형성기'라고 불렸다.

『일본서기』에 적힌 내용 중에 '할선'이라 불리는 신선한 어패류의 생식방법이 적혀 있는데, 현재 최고의 조리법으로 평가되며 이때 당시의 주 단백질원으로 물고기를 먹었단 것을 유추할 수 있다.

(5) 가마쿠라시대(1192~1333)

사슴, 토끼 등을 사냥하며 생활하였으며, 정진요리가 사원을 중심으로 발달했다. 송으로부터 차를 수입하여 재배하기도 했다.

(6) 무로마치시대(1338~1573)

일식의 주가 되는 '가이세키요리'(차를 내놓기 전에 먹는 간단한 음식)가 등장하였다.

(7) 아츠치, 모모야마시대(16세기 후반~16세기 말)

차가 대중화되면서 가이세키요리의 발전이나 남반요리의 등장이 일식을 발전시켰다.

(8) 에도시대(1603~1867)

서민들의 문화적 영향이 요리발전에 큰 기여를 했다. 각 시대의 요리를 발전시킨 일식의 절정 시기이다.

(9) 메이지 이후(1868~현대)

소의 섭취가 유행하면서 유제품과 함께 빵, 커피가 널리 식용됐다. 또한, 서구식 요리도 점차 증가했다.

2) 일본요리의 발전사

일본은 동북아시아에 위치한 해양성기후 국가로 면적은 38만km²이다.

수도는 도쿄(東京)이다.

일식은 12~16세기에 성립되어 17~18세기쯤에 완성된 것으로 알려졌는데 일본요리의 발전사에 의하면 1945년에는 식자재의 절대량 부족으로 음식점 쪽이 우위에 위치하던 시대로 음식점 측에서 일방적으로 고려한 상품으로 구성된 형태의 식당이 등장하였다.

1950년이 되면서 대중식당(大衆食堂)이 퍼지고 고객의 중점에서 선택하는 개념의 식당이 등장하였고 1955년이 되어 대중적인 맛에 싫증을 느낀 고객이 증가함에 따라 전문적인 맛을 추구하는 전문점이 등장하였다.

1960년 도쿄올림픽을 계기로 일본 경제활동이 활발해짐으로써 식생활이 서구화되면서 음료와 식사를 함께 파는 다방이 현재까지 널리 퍼져 있다.

1970년대에 이르러 미국의 복사형 패밀리레스토랑이 발전하면서 일본 내에서도 패밀리레스토랑이 번성하였다.

1975년에는 시장경제의 침체로 가처분소득이 감소하면서 술과 즐거운 분위기 속에서 식사를 동반하는 이자카야(いざかや) 형태의 선술집이 등장했다.

1980년대에는 가족이 함께할 수 있는 식사 가격이 저렴한 형태의 패밀리다이닝시대로 접어들었으며, 일본 고유의 요리들이 서로 융합하여 흡수되는 시대로서 일본만의 독특한 요리문화가 완성되었다. 과거 연회형식에서 엄격한 규범이 요구되었으나, 현대에 이르러서는 엄격한 형식에 구애받지 않고 안락한 분위기에서 즐기는 식미본위(食味本位)의 주연(酒宴)을 중심으로 한 향응의 회석요리가 중심을 이뤄 오늘날 모든 축하연과 초청요리, 일반연회 등에 널리 사용되고 있다.

우리나라에서는 일본요리를 일컬어 日食 또는 日式요리라 한다.

원래 일본에서의 정식 명칭은 와쇼쿠(和食)라고 부르는 것이며, 일본을 과거에 야마(大和)라고도 불렀던 적이 있기 때문에 和는 일본을 가리키는 말로서 일본음식을 와쇼쿠(和食)라고 불렀다. 일본요리의 발전은 신과 불교의 공물과 밀접한 관계를 이룬다.

일본요리는 전국시대(戰國時代)에 많은 무리가 생겨나 서로 경쟁하면서 기술이 발전했다. 이로 인해 일본요리가 이론적으로도 발전할 수 있는 계기가 되었다. 1868년 바쿠후(幕府)가 무너지고 천황(天皇)을 중심으로 근대적 제반개혁을 이룬 메이지(明治) 이후 문명이 꽃 피면서 서양요리 또한 급속도로 유입되어 일본인의 식생활에 커다란 영향을 미치고, 자유로운 식미본위(食味本位)의 경향을 하고 있다. 귀족, 무가(武家)지배의 봉건사회에서 향응의 접대연회는 상층계급이 하층계급에게 이르기까지 변화해 오면서 형식에 얽매이지 않고 안락한 분위기를 즐기는 주연(酒宴)을 중심으로 한 향응의 가이세키요리(會席料理)가 중심을 이루어 왔다. 현재 오사카(大阪)를 중심으로 발달된 회석요리는 축하연과 일반연회 등 모든 초청연회에 사용되고 있다.

또한 본선형식(本膳形式)을 도입하기도 하고 차가이세키(茶會席)와 쇼진형식(精進形式)을 추구하면서 각기 응용할 수 있게 되었다.

이 가이세키요리(會席料理)가 일본을 대표하는 요리가 되면서 전 세계인들로부터 주목받는 요리로 발전하게 되었다.

4 일본요리의 분류

1) 지역적 분류

(1) 관동요리(關東料理, かんとうりょうり)

관동요리는 무가(武家) 또는 사회적 지위가 높은 사람들에게 제공하기 위한 의례요리(儀禮料理)로 발달하였으며, 맛이 진하고 달고 짠 것이 특징이다.

그 당시 설탕을 '우마이(うまい)'라고 할 만큼 귀했는데, 이런 귀한 설탕을 많이 사용했단 의미는 관동의 요리가 그만큼 고급스런 요리였다는 것을 보여준다.

또한 관동지방은 지리적으로 외해에 접해 있는 특징으로 깊은 바다에서 잡히는 단단하고 살이 많은 양질의 생선이 풍부한 특징을 가졌다. 반면에 외해에 비해 내해에서 잡히는 생선은 반대로 극히 부족하였다. 또한, 토양과 수질이 관서지방에 비해 거칠었기 때문에 농후한 맛을 이룩하게 되었다. 하지만 최근에는 교통수단의 발달로 옛날처럼 지역적 특색이 뚜렷하다고 보기는 어렵다.

(2) 관서요리(關西料理, かんさいりょうり)

관서요리라는 말은 옛날에는 사용하지 않고 대신 가미가다(上方 : 교토 부근 지방)요리라 불리기도 했다.

관서요리는 관동요리에 비하여 맛이 엷고 부드러우며, 식재료 그 자체의 맛을 최대한 살려서 조리하는 것이 특징이다. 교토(京都)요리와 오사카(大阪)요리가 대표적인 관서요리이다.

교토(京都)요리는 공가(公家 : 조정관리 집안)의 요리로서 두부, 야채, 말린 청어, 대구포 등을 사용한 요리가 발전했으며 오사카(大阪)요리는 상가(商街)의 요리로서 조개류와 생선을 이용한 요리가 많다.

최근의 관서요리는 거의가 약식(略式)이며 회석요리(會席料理)가 중심이 되고 있다.

2) 형식적 분류

(1) 본선요리(本膳料理, ほんぜんりょうり)

식단의 기본으로 일즙삼채(一汁三菜), 이즙오채(二汁五菜), 삼즙칠채(三汁七菜) 등이 있으나, 일즙오채(一汁五菜), 이즙칠채(二汁七菜), 삼즙구채(三汁九菜) 등으로 수정된 것도 있다.

메이지시대에 들어오면서 민간인에게 보급되어 지금까지 관혼상제 등의 의식요리(儀式料理)에 이용되고 있으며, 또한 손님 접대 요리로 전해 내려온 정식 일본요리이다.

요리는 첫째 상(이찌노젠 : 一の膳)부터 다섯째 상(고노젠 : 五の膳)까지의 형식으로 이루어진다.

상(젠 : 膳)의 수는 메뉴(獻立 : 곤다데)의 즙(시루 : 汁)과 반찬(사이 : 菜)의 수에 의해서 결정되며 즙이 없는 상은 와끼젠(脇膳), 야기모노젠(燒き物膳)이라 통칭한다.

상은 다리가 붙어 있는 각상(가꾸젠 : 角膳)을 사용하고 식기는 거의 칠기그릇(누리모노 : 塗り物)을 이용한다.

다음은 삼즙칠채의 구성에 대해 알아본다.

첫 번째 상 : 혼젠(本膳) → 일즙(一汁)인 된장국(미소시루 : 味噌汁)과 사시미 (刺身), 조림요리(니모노 : 煮物), 일본김치(고노모노 : 漬物), 밥(飯)으로 구성된다.

두 번째 상 : 니노젠(二の膳) → 두 번째 국물인 맑은국(스마시지루 : 淸し汁), 5종류 정도를 조린 조림요리(니모노 : 煮物), 무침요리(아에모노 : 和え物), 초회 (스노모노 : 酢の物) 등을 작은 그릇에 담아 곁들여 내보낸다.

세 번째 상 : 산노젠(三の膳) → 첫 번째 상과 두 번째 상에 제공되지 않은 국 물요리 하나와 튀김요리(揚げ物), 조림요리(니모노 : 煮物), 사시미(刺身) 등으로 구성된다.

네 번째 상 : 요노젠(四の膳) → 생선 통구이(스가타야끼 : 姿燒) 등이 오른다.

다섯 번째 상 : 고노젠(五の膳) → 선물로 가져갈 수 있는 것으로 구성되며 밥 과 고구마를 달게 조린 것, 어묵과 같은 물기가 적은 요리들로 구성된다.

이러한 혼젠요리의 격식도 시대가 변함에 따라 점차 멀리하면서 새로운 스타 일의 회석요리(會席料理)를 생각하게 되었다. 그것이 곧 가이세키요리(會席料理) 로 변화되어 현재에 이르고 있다.

(2) 회석요리(會席料理, かいせきりょうり)

연회용 요리로서 본선요리(本膳料理)를 개선하여 에도시대(1603~1866)부터 이용하였다고 알려진다.

술과 식사를 중심으로 하는 연회식(宴會式) 요리로서 현재의 주연요리(酒宴料 理)의 주류를 이루고 있다.

간단한 것은 삼채(三菜)부터 시작하여 오채(五菜)가 되면 즙물(汁物)은 이즙 (二汁)이 되며 칠채(七菜), 구채(九菜), 십일채(十一菜) 등의 기수(寄數)로 증가한 다. 형식보다는 '食味本位' 즉 눈으로 보아서 아름답고, 냄새를 맡아 향기로우며, 먹어서 맛있는 것을 전제로 한다.

회석요리의 구성을 살펴보면 다음과 같다.

① 先付(せんづけ), 小付(こづけ), お通し(おとおし), 猪口(ちょく : 멧돼지 입)라고도 하며 茶會席에서의 点心 뜻으로 한입 크기로 쪄낸 밥이나 스시 등을 낼 수 있다. お凌ぎ(おしのぎ : 가벼운 식사)라고도 한다.

② 前菜(ぜんさい) : 전채

③ 椀盛り(わんもり) = 吸物(すいもの) : 맑은국

④ お造り(おつくり) = 刺身(さしみ) : 생선회

⑤ 燒物(やきもの) : 구이

⑥ 煮物(にもの) = 炊合せ(たきあわせ) : 조림

⑦ 強肴(しいざかな) = 進肴(すすめざかな) = 再進(さいしん)이라고도 하며 일즙삼채(一汁三菜) 후, 술을 권할 때 내는 요리 止肴(とめざかな : 그치는 안주)라는 이름으로도 회석요리(會席料理)에 사용된다.

⑧ 酢の物(すのもの) : 초회

⑨ 止椀(とめわん) : 그치는 국물요리를 말하며 된장국이 많이 제공된다.

⑩ 果物(くだもの) : 과일

(3) 다회석요리(茶會席料理, ちゃかいせきりょうり)

다석(茶席)에 제공하는 요리로서 차를 마시면 보약이 되고 장수한다 하여 아주 귀하게 여겼으며, 약석(藥石)이라고도 불렀다.

무로마치시대(1338~1573)의 중기에 이르러 차를 마시는 것을 즐기는 풍조가 성행하기 시작하면서 현재의 다도 형태가 이루어졌다.

옛날 선종의 승려들은 공복감을 씻으며 자신의 몸을 유지하고 병에 걸리지 않게 하기 위해 적은 양의 가벼운 죽만은 먹는 것을 허락했는데 이것을 약석(藥石)이라고 불렀다. 다회석요리(茶會席料理)는 차를 마시기 전에 차의 맛을 좀 더 음미하며 공복감을 면할 정도로 배를 다스린다는 의미를 가지고 있으며 차와 같이 대접하는 식사라 할 수 있다.

차를 마시는 시간은 正午(11~13시), 曉(6~8시), 夜出(저녁), 朝茶(9~10시), 飯後(식후), 跡見, 臨時에 따른 7가지 식이 있다.

다회석요리(茶會席料理)에 사용하는 재료의 특징은 사계절의 계절감을 가장 중요시하며 한 계절 먼저의 재료를 사용하여 먹는 사람들의 기분을 충족시켜 주어야 한다. 먹기 쉬우며, 맛있고 섬세하고, 화려하며 만드는 사람의 성의가 듬뿍 들어간 요리로 손님에게 대접해야 한다.

(4) 정진요리(精進料理, しょうじんりょうり)

정진요리는 다도가 보급되는 전후에 서민을 통해 전달되었다. 중국의 불교 승이 일본으로 귀화하는 일이 많아져 대두(大豆)를 활용한 것과 비린 냄새가 나는 생선, 또는 수조육을 전혀 사용하지 않는 불교승의 독특한 요리인 정진요리가 보급되었다.

정진요리의 뜻은 유정(有情 : 動物)을 피하고 무정(無情 : 植物)인 채소류, 곡류, 두류(豆類), 해초류(海草類)만으로 조리한 것으로, 미식(美食)을 피하는 조식(粗食)을 의미한다.

육식(肉食)을 금하는 것을 원칙으로 하며, 식단은 본선요리의 형식을 이어받아 발달되었으며, 이의 중심지는 교토(京都)이다.

(5) 보채요리(普茶料理, ふちゃりょうり)

일본요리는 주로 개개인의 상을 준비해서 올리는 특징이 있지만, 후차요리는 4인일탁(四人一卓)으로서 한 그릇에 담아 가운데 놓고서 요리를 덜어 먹는다.

에도시대 중기의 중국에서 일본에 귀화한 스님인 잉갱젠시(隱元禪師)로부터 전해져 계승되어 귀화한 스님에 의하여 이어졌으며, 자기 조국의 풍습으로 이어졌기 때문에 그 풍미가 그대로 남아 있다.

그래서 식탁의 예의도 중국요리처럼 원형탁자로 쇼진요리를 즐긴다. 후차요리는 불교정신을 이어받아 살아 있는 재료는 사용하지 않는 것이 원칙으로 되어 있으며, 영양적 측면을 고려하여 두부(豆腐), 깨(胡麻), 식물류(植物類)를 많이 사용한다.

(6) 정월요리(御節料理, おせちりょうり)

일본의 명절음식인 정월요리는 우리나라의 명절음식과 비슷한 점을 찾아볼 수 있다. 단시간에 만들 수 없기 때문에 12월 초순부터 시작하여 한 가지씩 미리 준비해야 한다.

御節料理는 설날아침에 한 번 내는 요리로 다복한 한 해가 되도록 기원하며 정성을 모아 만든 음식이다. 뚜껑을 열었을 때 감탄사가 저절로 나올 만큼 색깔의 조화를 중요시하며 아름답고 호화스럽게 만들고 담아야 한다. 완성된 재료를 어떻게 담을 것인지 미리 구상해야 할 정도로 정성이 많이 필요한 요리다.

오세찌요리(御節料理)는 각각 함축된 의미를 가지고 있는데, 고구마조림은 복이 가득하도록, 멸치조림은 옛날 밭에 비료를 이용한 것에서 유래하여 풍작을 기원하는 것이고, 검정콩조림은 건강하게 살아가도록, 다데마키와 다시마말이는 문화를 높인다는 의미가 있고, 쿠와이(쇠기나물)는 인생의 희망을, 초로기(두루미냉이)와 등을 굽힌 새우는 장수(長壽)를 의미하는 것과 같이 요리에 많은 의미를 내포하고 있다.

이외에도 포르투갈, 네덜란드 요리법 등 외래의 요리법과 일식을 융합한 탁복요리도 있다.

5 일본요리의 식사예절

1) 일본요리의 식사예절

일본의 식사예절은 어느 나라보다 엄격하고 복잡하며, 젓가락만으로 식사를 하게 되며, 식사하기 전에 반드시 잘 먹겠다는 인사를 하고 젓가락을 들어야 한다. 식사하는 동안은 정자세를 취하고 음식 먹는 소리가 나지 않도록 하며 밥, 국, 차, 작은 접시에 담는 음식 등은 반드시 들어서 입 가까이에 대고 먹는다.

초대받은 자리의 시간 약속은 엄수해서 방문한다. 膳(밥상)이 내어진 후 중간에 자리를 뜨는 것은 삼가야 한다. 요리의 내는 방법으로 여러 가지 종류가 있지만, 일반적인 사항은 다음과 같다.

(1) 前菜(ぜんさい)

오르되브르와 같은 의미이다. 전채가 나오면서 바로 술이 나온다. 이런 경우 술을 먼저 잔에 받아 건배한 다음 前菜를 먹도록 한다. 술잔은 남자의 경우는 왼손으로 잔을 들고 오른손을 갖다 대며, 여자의 경우는 반대로 하면 된다. 그리고 술을 마시지 않는 사람이라도 예의상 잔에 입을 대도록 한다. 작은 접시에 담겨 져 나오기 때문에 오른손으로 前菜를 들고 왼손으로 바꿔 든 다음 오른손으로 젓가락을 집어 먹도록 한다.

(2) 吸物(すいもの)

맑은국이다. 맑은국은 그릇에 왼손을 대고 오른손으로 뚜껑을 열어서 밥상의 오른쪽 옆에 둔다. 그릇은 오른손으로 쥐고 왼손으로 바꿔 든 다음 젓가락을 들고 국과 건더기를 먹는다. 국은 한 번에 먹지 말고 두 번 정도로 나눠서 먹는다. 국물 요리는 뜨거울 때 먹는 것이 좋다.

(3) 刺身(さしみ)

생선회이며 이 생선회의 경우, 메뉴에는 吸物(すいもの) 다음으로 나와 있지만, 맑은국은 여름에 시원하게 해서 내어도 조금 두면 바로 따뜻해지므로 대부분 前菜(ぜんさい)를 낼 때 생선회를 같이 내고 세 번째로 吸物(すいもの)를 내는 경우가 많다. 刺身(さしみ)는 회에 와사비를 바른 다음 간장 접시를 왼손에 들고 妻(つま−회 따위에 곁들이는 것으로, 야채나 해초 따위)와 함께 찍어 먹는다.

妻는 해독효과가 있으며 산성, 알칼리성의 중화 등도 고려해서 곁들이기 때문에 전부 먹는 것이 보통이다. 다 먹고 난 뒤에 간장이 담겼던 접시는 생선회의 접시에 올려놓는다.

(4) 口取(くちどり)

보통 3~5종류를 담아내며, 좋아하는 것부터 먹으면 좋다. 여자는 가능한 한 접시를 왼손에 들고 먹는 것이 좋지만, 접시가 크면 懷紙(かいし) 한 장을 둘로 접어 이것으로 먹는 것이 좋다.

(5) 鉢肴(はちさがな)

종류가 많아 구이, 튀김, 찜, 끓인 음식 등이 내어진다. 생선 토막이 나올 경우는 접시 위에서 젓가락으로 발려 懷紙(かいし)로 받아서 먹는다. 한 마리가 통째로 놓여 있는 경우는 머리의 눈 밑부분부터 꼬리 쪽 순으로 먹으며, 윗부분을 다 먹으면 뒤집어서 발라 먹어도 무난하다.

(6) 焚合(たきあわせ)

따로 익힌 생선과 고기, 조개류 등과 야채를 한 그릇에 담은 음식으로, 3~5 종류의 익힌 요리가 나온다. 그릇은 오른손으로 든 다음 왼손으로 바꿔 들고 먹으며, 헤치면서 먹는 것은 식사법의 예의가 아니므로 주의하도록 한다.

(7) 酢の物(すのもの)

입맛을 돋우기 위한 것으로, 평소 먹는 것처럼 먹으면 된다.

(8) 飯(めし)

밥은 초반부터 가볍게 담아내는 것이 보통이다. 바꿔서 더 먹고 싶을 때는 보통 한 숟가락 정도 남기기도 하지만, 경우에 따라 한 사람의 급사라면 남기지 않는 편이 좋다.

(9) 赤だし(あかだし)

된장국을 일컫는다. あかだし(아카다시)는 밥의 반찬이므로 밥, 국의 순서로 먹었지만, 요즘 들어 국, 밥의 순서로 먹는다.

(10) 香の物(こうのもの)

야채를 소금, 겨에 절인 것으로, 보통 밥을 약간 남겨 茶漬け(ちゃずけ)로 하여 먹는 것이 좋다.

(11) 果物(くだもの)

과일은 먹을 만큼만 잘라 먹고 남은 씨와 껍질은 휴지에 싸서 한데 모아 놓는다.

이외에 축하 때나 경사 때에는 초밥 등을 내기도 한다.

식사 중에는 종교 이야기나 정치, 금전 얘기같이 민감한 주제는 피하고 식사가 끝나면 쓸데없는 말을 해서 상대방이 불편하지 않도록 오래 앉아 있지 말고 예의를 표한 뒤 자리를 떠나는 것이 좋다. 오늘날은 식탁에서의 대접도 많아져 대략 밥상을 내었을 때의 방법으로 하면 된다. 식탁요리라 함은 小茱(한 사람씩 접시에 또는 그릇에 나눠 담아내는 것), 大茱(여러 사람분의 음식을 한 그릇에 듬뿍 담아내는 것) 등이 된다. 만약 5인분을 大茱로 내었을 경우 다른 사람에게 먼저 예의를 표하고 음식을 그릇에 담는다. 그러나 일단 담겨 있는 음식을 전원이 보게끔 하고 나서 담는 것이 바람직하다.

2) 일본요리 식사 시 주의사항

(1) 밥그릇, 국그릇, 조림그릇의 순으로 뚜껑을 벗긴다. 상의 왼쪽에 있는 것은 왼쪽으로 뚜껑을 쥐고 오른손을 대어 물기가 떨어지지 않게 뚜껑의 위로 향하게 하여 상 왼쪽 위에 놓는다. 같은 쪽에 뚜껑이 두 개가 있을 경우 큰 것 위에 작은 것을 올려놓는 순으로 놓는다.

(2) 양손으로 밥공기를 들어 왼손으로 잡고 오른손으로는 젓가락을 위에서 집어 왼손 가운뎃손가락 사이에 끼운다. 그런 다음 다시 오른손으로 쓰기 좋게 잡고 젓가락 끝 쪽에 넣어 조금 축인 후 밥을 한입 먹는다.

(3) 젓가락을 처음과 같이 상의 제자리에 놓고 두 손으로 공손히 밥그릇을 놓는다. 국그릇을 두 손으로 들어 앞에서와 같이 젓가락을 들고 건더기를 먹고 국물을 한 모금씩 마신다. 이때 젓가락으로 나오는 건더기를 누르고 마신 후에 놓는다.

(4) 후에 밥이나 조림을 먹으며, 조림은 그릇째로 들어서 먹어도 좋고, 국물이 없는 것은 뚜껑에 덜어서 먹는다.

(5) 생선 먹는 순서는 머리 쪽 등살에서부터 꼬리 쪽으로 먹는다.

(6) 차를 마실 때에는 찻잔을 두 손으로 들어 왼손은 찻잔 밑을 받치고 오른손으로 찻잔을 쥐고 마신 다음 뚜껑을 덮는다.

(7) 상을 물린 뒤에는 가볍게 과일 등을 먹고 차를 마신다.

(8) 자신이 먼저 먹지 않도록 한다.

(9) 가져온 음식은 그 즉시 먹도록 한다. 음식을 오래 들고 있지 않으며, 한 번 상 위에 올라간 요리는 되도록 먹는 것이 좋다.

(10) 젓가락을 핥지 않도록 한다.

(11) 젓가락을 들고 어느 것을 먹을지 망설이지 않는다.

(12) 젓가락으로 한 번 집은 것을 그냥 놓지 않는다.

(13) 상 건너편에 있는 것을 젓가락으로 집어 먹지 않도록 한다.

(14) 입안에 먼저 먹은 음식이 있는 상태로 다른 음식을 먹지 않는다.

(15) 음식의 윗부분을 헤집고 밑에 것을 골라 먹지 않는다.

(16) 상 위에 얼굴을 과도하게 내밀고 먹지 않는다.

(17) 음식을 젓가락으로 푹 찍어서 먹지 않도록 한다.

(18) 그릇과 젓가락을 함께 잡지 않는다.

(19) 입 주위를 혀로 핥으면서 먹지 않는다.

6 일식 조리도 특징 및 기본 썰기

1) 일식 조리도

(1) 일식 조리도의 특징

일본요리에 사용하는 칼은 모양과 크기가 다양하여 그 종류가 수십여 종에 이른다. 칼의 성질과 방법을 잘 알고, 어떤 용도와 재료, 목적에 따라 사용법이 제각기라 높은 이해도와 활용도를 필요로 한다.

그중에서도 중요한 요리에 있어서 조리사가 조리도 사용하는 것을 보면 그 사람의 기술숙련도와 업무 이해도 및 조리에 대한 정신자세가 되어 있는가의 여부를 판단할 수 있다고 한다. 조리도의 관리가 안 된 상태라면 그 사람은 기술을 보여주기에 앞서 기본자세부터 틀렸다고 할 수 있다. 이런 자세로 조리업무에 가담한다면 그는 결코 최고의 요리를 만들 수 없을 것이다. 일본요리에 있어서 칼의 존재는 생명과도 같은 만큼, 책임지고 관리하고 손질하여 항상 최상의 상태로 준비해야 한다.

일식(和食)에 사용되는 조리도는 다른 것에 비해 날이 한쪽에만 있는 외날형태이며, 다양한 종류와 폭이 좁고, 긴 것이 특징이다.

생선을 주로 요리하는 일식의 특징에 따라 생선을 손질하기에 적합한 조리도가 발달하였으며, 생선회 칼 등은 매우 예리하고, 칼을 갈 때에는 무조건 숫돌을 사용해야 한다.

(2) 칼 잡는 방법

① 단단한 재료를 자를 때

손잡이를 쥐고서 엄지와 집게손가락은 각각 칼날의 하단좌우측을 잡아, 칼이

흔들리거나 넘어가지 않도록 한다.

② 생선회를 자를 때

칼자루는 가볍게 쥐고, 검지손가락을 칼등 위에 올려놓아 사뿐히 누르면서 칼질을 하도록 한다.

(3) 칼 가는 방법

일식에서 사용되는 조리도는 대부분 한쪽날(片刀)의 칼이 사용된다. 이는 재료를 얇게 자르기 위해 사용하며 얇게 깎을 수 있고, 잘린 면이 깨끗하게 잘려지기 때문이다. 칼을 갈 때는 칼날이 자신의 쪽을 향하여 앞으로 밀 때는 힘을 주고, 칼날이 바깥쪽을 향하여 갈 때는 잡아당길 때 힘을 주며 간다.

① 숫돌을 사용하기 삼십분 전에는 미리 물에 담가 수분이 충분히 배도록 한다.

② 미끄러지지 않도록 행주를 깔고 그 위에 숫돌대 또는 숫돌을 올려 고정시킨 후 숫돌의 표면에 먼저 물을 적셔 사용한다.

③ 칼에 물을 한 번 적시고, 숫돌을 향해 발은 어깨 넓이로 벌리고 오른쪽 발을 조금 뒤로 빼서 안정된 자세를 만든다.

④ 칼의 앞면을 숫돌에 부착시키고 오른손으로 칼자루를 잡는다. 오른손의 검지는 칼등에 대고 엄지는 칼의 뒷면에 올려 남은 세 손가락으로 칼자루를 쥐는 것이 기본 방법이다.

⑤ 왼손의 검지, 중지, 약지 세 손가락을 칼의 뒷면에 일직선으로 대서 칼 표면을 누르고 칼을 숫돌에 간다(칼의 각도는 숫돌 표면과 45~60° 정도로 한다).

⑥ 칼자루를 쥔 오른손과 뒷면에 댄 왼손은 함께 움직여 칼을 앞쪽으로 가볍게 힘을 주어 밀면서 이동하고, 원위치로 당길 때에는 힘을 풀어준다.

⑦ 만일 양날을 갈 경우는 양면을 같은 힘과 횟수로 갈도록 한다.

⑧ 뒷면을 갈 때에는 먼저 오른손의 검지를 칼의 평면에, 엄지를 칼등에 댄다. 왼손은 앞면과 마찬가지로 칼의 앞 가장자리부터 끝 가장자리까지 이동시키면서 간다.

⑨ 칼을 가는 횟수는 앞면을 5회 움직이면 뒷면은 1회 정도 문질러 날이 한

쪽으로만 넘어가지 않도록 한다.

⑩ 칼날이 한쪽으로 넘어가지 않도록 양쪽을 갈 때 골고루 같은 힘을 주어 간다.

⑪ 칼을 다 간 후에는 칼의 손잡이까지 전체 부분을 잘 닦고 물기는 제거한다.

(4) 조리도구의 종류와 용도

일본요리에 사용하는 칼은 다양한 모양과 크기로 그 종류가 수십 종에 이른다.

용도와 재료의 특성에 따라 각 사용법이 다르므로 정확히 숙지하고 사용해야 한다.

① 사시미보쵸(刺身包丁, さしみぼうちょう) : 사시미칼

생선회를 썰거나, 요리를 자를 때 쓰는 칼로써 칼날이 예리하며, 보통 칼에 비해 길이가 길다. 관서지방에서는 칼날의 끝이 날카로운 야나기바(柳刀)를, 관동지방에서는 칼날의 끝이 각진 다코히키(蛸引き)를 사용하나 최근에는 보급량으로 인해 야나기바(柳刀)가 일반화되었다.

칼의 길이는 약 30cm 정도가 사용하기 편하고 21cm 이상이면 충분하다. 칼은 수평이 잘 맞고 적당한 무게감과 재질이 좋은 것을 선택하는 것이 중요하다.

② 우스바보쵸(薄刀包, うすばぼうちょう) : 우스바

주로 야채를 손질할 때 사용하며, 칼날이 거의 도마의 표면에 접촉하도록 설계되어 있고, 가쓰라무끼(桂剝き)에 적합하며, 18~20cm 정도의 길이가 사용하기 편하다. 칼을 갈 때에는 고운 숫돌을 사용해야 한다.

③ 데바보쵸(出包丁, でばぼうちょう) : 데바칼

칼등이 두껍고 날이 넓은 칼을 통칭한다. 주로 어류나 수조육류(獸鳥肉類)를 오로시(포 뜨기)하거나 뼈를 절단할 때 사용한다.

④ 우나기보쵸(鰻包丁, うなぎぼうちょう)

장어를 오로시하는데 편한 칼로써, 장어를 오로시할 때는 메우치(目打ち)로 장어를 도마에 고정시키고서 칼을 사용해야 한다.

(5) 숫돌(砥石, といし)

숫돌에도 종류가 있는데 천연숫돌과 인조숫돌로 크게 나눌 수 있다. 요즘에는 인조라도 양질의 재료가 많아 성능 면에서는 천연숫돌에 그렇게 뒤지지 않는다. 숫돌은 크게 굵은 숫돌(荒砥, あらいし), 중간 숫돌(中砥, なかいし), 마무리 숫돌(任上げ砥, しあげいし)과 같이 3종류가 있다.

2) 기본 썰기

자르는 방법은 조리와 매우 밀접한 관계가 있다. 일식에서 특히 썰기를 중요시하는데 그 이유로 재료에 따른 요리의 종류, 익히는 정도, 미각적·시각적 효과, 일의 능률까지 고려하여 각 재료의 특징을 잘 살리는 것이 중요하기 때문이다. 또한 요리를 완성했을 때 눈으로 보기에 일체감 및 균일감을 주어 편안함을 느낄 수 있고, 각 재료마다 균등한 맛을 낼 수 있기 때문에 같은 크기로 써는 것은 조리의 기본이자 중요한 요소이다.

(1) 기본 썰기

① 둥글게 썰기(輪切り, わぎり, 와기리)
무, 당근 등 둥근 모양의 채소를 자를 때 모양 그대로 자르는 것을 말하며, 두께는 요리의 목적에 따라 다르게 자른다.

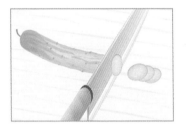

② 반달모양 썰기(半月切り, はんげつぎり, 한게쯔기리)
무, 당근 등 둥근 모양의 채소를 둥글게 자른 다음 세로로 2등분하여 알맞은 두께로 반달모양이 되도록 자르는 방법이다. 조림요리나 국물요리 등에서 주로 사용되는 방법이다.

③ 은행잎모양 썰기(銀杏切り, いちょうぎり, 이초기리)
무, 당근, 가부(둥근 무) 등 둥근 모양의 재료를 십자로 잘라서 적당한 두께로 한 번 더 옆으로 1cm 정도의 두께로 자르는 방법이다. 조림요리나 맑은 국물의 부재료 등에 이용된다.

④ 부채꼴모양 썰기(地紙切リ, ちがみぎり, 지가미기리)

무, 당근 등을 은행잎사귀 모양처럼 자르되, 끝부분은 둥근 조각칼로 깎아내고 잘라 부채꼴로 만드는 방법이다.

⑤ 어슷하게 썰기(斜切リ, ななめぎり, 나나메기리)

대파, 당근, 우엉, 오이 등을 적당한 두께로 어슷하게 자르는 방법이다. 조림요리 등에 많이 이용한다.

⑥ 사각기둥모양 썰기(拍子木切リ, ひょうしきぎり, 효시끼기리)

무, 감자 등을 길이 5~6cm, 굵기 7~8mm 정도의 사각기둥모양으로 자르는 방법으로, 튀김용 감자 등을 자를 때 쓰이며 주로 채소류를 자를 때 쓰이는 방법이다.

⑦ 주사위모양 썰기(賽の木切リ, さいのめぎり, 사이노메기리)

사각기둥모양으로 자른 다음 가로, 세로 1cm 정도 주사위모양으로 자르는 방법이다.

⑧ 작은 주사위모양 썰기(霰切リ, あられぎり, 아라레기리)

주사위모양 썰기와 같은 방법으로 크기가 좀 더 작다. 가로, 세로 5mm 정도의 주사위꼴로 자르는 방법이다.

⑨ 곱게 다지기(微塵切リ, みじんぎり, 미진기리)

마늘, 생강 등을 채 썬 후에 아주 곱게 다지는 것을 말한다. 찜요리, 무침요리, 맑은 국물요리, 양념 등에 사용한다.

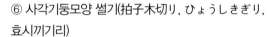

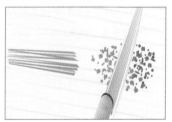

⑩ 잘게 썰기(小口切リ, こぐちぎり, 고구찌기리)

실파 등 주로 가늘고 긴 재료를 끝에서부터 적당한 두께로 자르는 방법으로 요리에 사용하는 용도가 넓다.

⑪ 채 썰기(千切リ, せんぎり, 센기리)

무, 당근 등을 길이로 얇게 자른 다음 다시 이것을 채로 써는 방법으로, 길이는 5~6cm 정도로 얇고 가늘게 채 썬다. 된장국 재료 등으로 다양하게 사용되는 방법 중 하나이다.

⑫ 성냥개비두께로 썰기(千六本切リ, せんろっぽんぎり, 센록뽕기리)

성냥개비두께로 자르는 방법으로 센기리보다는 좀 더 얇게 채 썬다.

⑬ 바늘굵기 썰기(針切リ, はリぎり, 하리기리)

바늘같이 가늘게 자른 모양으로 주로 생강이나 구운 김 등을 자를 때 사용한다. 맑은국, 초회, 무침요리 위에 올리는 것(天盛リ, てんもり) 등에 사용한다.

⑭ 얇은 사각 채 썰기(短冊切リ, たんざくぎり, 단자꾸기리)

무, 당근 등을 길이 4~5cm, 폭 1cm 정도로 얇게 자르는 방법이다. 초회, 국물요리의 주재료 등에 사용한다.

⑮ 색종이모양 자르기(色紙切リ, いろがみぎり, 이로가미기리)

무, 당근 등을 가로, 세로 2.5cm 정도의 크기로 얇게 자르는 방법이다.

⑯ 돌려깎기(桂剝, かつらむき, 가쓰라무키)

무, 당근 등의 위, 아래 둘레의 길이가 같은 크기의 원기둥모양으로 깎은 다음 이것을 돌려가면서 껍질을 벗기듯이 얇게 깎는 방법이다. 이것을 곱게 채로 자른 것을 '겡(けん)'이라고 한다.

⑰ 용수철모양 만들기(縒獨活, よりうど, 요리우도)

무, 당근 등을 돌려깎기하여 옆으로 비스듬히 (하나메기리) 폭 7~8mm 정도로 잘라 모양을 잡은 후 이것을 찬물에 담가 놓았다 생선회 등의 아시라이에 사용한다.

⑱ 멋대로 썰기(卵切り, らんぎり, 란기리)

당근, 우엉 등의 채소를 한 손으로 돌려가며 칼로 어슷하게 잘라 삼각모양이 나도록 자르는 방법이다. 다른 말로 마와시기리(まわしぎり)라고도 한다.

⑲ 연필깎기 썰기(笹扶, ささがき, 사사가끼)

칼의 끝을 사용하여 연필을 깎듯이 돌리면서 깎는 방법으로 전골냄비의 우엉 등을 자를 때 사용하는 방법이다.

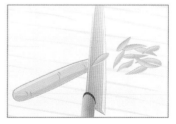

⑳ 빗모양 자르기(くしがたぎり, 구시가타기리)

양파 등의 재료로 얼레빗 등처럼 굽은 모양으로 자르는 방법이다. 우선 재료를 2등분한 다음 가로로 자르는 방법으로 보통 1cm 정도 두께로 자르는 깃을 말한다.

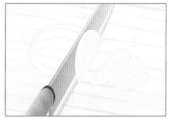

㉑ 양파 다진 것처럼 썰기(たまねぎのみじんぎり, 다마네기노미진기리)

양파를 세로로 하여 반으로 자른 다음 나이테모양의 단면이 보이게 잘라서 잘게 다진 것을 다마네기노미진기리라고 한다.

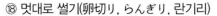

(2) 모양 썰기

① 각돌려깎기(面取リ, めんとり, 멘토리)

무, 감자 등 모가 난 것을 삶을 때 모서리가
깨져 모양이 흐트러질 수가 있다. 이때 멘토리를
하여 삶으면 모서리가 깨지는 것을 방지할 수 있
으며 일정한 모양을 유지할 수 있다.

② 국화꽃모양 썰기(菊花切リ, きっかぎリ, 긱까기리)

가부(둥근 무), 무 등을 재료로 하여 2.5cm
두께로 둥글게 잘라 칼의 안쪽 날을 이용하여 재
료의 밑부분만 조금 남겨 놓고 가로, 세로로 오
밀조밀하게 빗살처럼 자른다. 이것을 한입 크기
로 잘라 연한 소금물에 절였다가 건져서 잘라내
어 윗부분을 펴서 국화꽃모양을 만든다.

③ 부채살모양 썰기(末廣切リ, すえひろぎリ, 스에히
로기리)

죽순, 생강의 끝부분에 세로로 2/3 정도 칼집
을 넣어 부채살모양으로 자르는 방법이다.

④ 꽃모양 썰기(花形切リ, はなかたぎリ, 하나카타
기리)

당근 등을 5~6cm 정도의 길이로 잘라 정오각
형 모양으로 만든 다음 이 오각기둥 각 면의 중앙
에 칼집을 넣어 꽃모양으로 깎는다.

⑤ 매화꽃모양 자르기(捻梅, ねじうめ, 네지우메)

하나카타기리한 당근을 단면의 골이 패인 곳
에 칼집을 넣고 이것을 다시 오른쪽에서 왼쪽으로
비스듬히 깎아서 매화꽃모양을 만든다.

⑥ 소나무잎모양 썰기(松葉切リ, まつばぎり, 마쯔바기리)

당근, 오이 등을 세로로 하여 껍질을 벗기고 길이 4~5cm, 폭 4mm, 두께 2mm로 잘라서 한쪽 끝을 조금 남기고 폭을 2mm로 하여 한쪽을 잘라서 솔잎모양으로 만든다.

⑦ 접힌 솔잎모양 썰기(折れ松葉, おれまつば, 오레마쯔바)

레몬껍질, 유자껍질, 베니쇼가(매실초에 담근 생강), 가마보꼬(어묵) 등을 길이 약 1cm, 폭 2~3cm로 엇갈리게 잘라서 솔잎모양으로 칼집을 넣어서 꼬아준다. 이것은 주로 달걀찜, 맑은국 등에 사용한다.

⑧ 오이 엇갈려 썰기(切りちがいきゅうり, 기리찌가이큐리)

5~6cm 정도의 길이로 오이를 자른 다음 양 끝을 붙여두고 가운데 쪽은 칼끝으로 칼집을 넣어 중앙선 양쪽을 'X'자 모양으로 비스듬히 잘라준다.

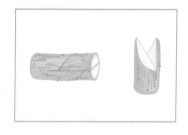

⑨ 뱀비늘모양 썰기(じゃばらきゅうり, 자바라큐리)

오이를 비스듬히 절반만 잘게 칼집을 넣고, 뒤집어 반대쪽도 칼집을 잘게 넣어 소금물에 담가두면 모양이 흡사 뱀과 같다 하여 뱀비늘모양 썰기라 불린다. 양면을 절반 정도까지 상·하로 칼을 교차되게 넣는 것을 말한다. 초회 등에 사용한다.

⑩ 나사모양으로 오이 자르기(かくとりきゅうり, 가꾸토리큐리)

오이를 4면이 생기도록 껍질을 깎아내고, 가운데 심은 제거하고 적당한 두께로 썬다.

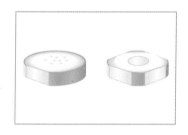

⑪ 꽃연근 만들기(花蓮根, はなれんこん, 하나렌꽁)

연근을 원래 모양을 그대로 깎아 꽃모양을 만드는 방법이다.

⑫ 화살의 날개모양 썰기(矢羽根蓮根, やばねれんこん, 야바네렌꽁)

연근이나 오이 등의 껍질을 벗겨 화살의 날개모양처럼 자르는 방법으로, 연근을 한쪽은 2cm, 다른 한쪽은 1.5cm 정도로 비스듬하고 둥글게 잘라서 양끝을 약간씩 자른 후 중앙으로 밑의 일부를 남기도록 칼질을 해서 이것을 벌리면 화살의 날개모양과 흡사해진다.

⑬ 연근 돌려깎기(ざかご蓮根, ざかごれんこん, 자까고렌꽁)

연근을 1.5cm로 둥글게 썰어 세로로 2개를 만들어 각을 없앤 후 돌려깎기하듯이 깎는 방법이다.

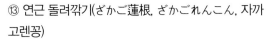

⑭ 자센모양 가지썰기(茶筅茄子, ちゃせんなす, 자센나스)

위 · 아래를 조금 남기고 세로로 깊이 칼집을 넣어 조리 후에 살짝 누르면 뒤틀리면서 보기 좋은 모양이 된다. 특히 가지를 조리하는 데 용이한 방법으로 자센(茶せん : 가루차를 끓일 때 저어서 거품을 일게 하는 도구)이라는 말은 가지를 칼질하여 놓았을 때의 모양을 말한다.

⑮ 우엉구멍내기(くだごぼう, 구다고보우)

우엉을 5~6cm 길이로 자른 뒤 살짝 삶아서 표면으로부터 2~3cm 정도의 두께로 둥글게 쇠구시로 돌려서 원통모양으로 벗겨낸다. 초절임우엉, 니모노 등에 사용한다.

⑯ 꽈리모양 썰기(手網切り, たづなぎり, 다즈나기리)
1cm 정도 두께로 자른 것을 중앙에 칼집을 넣어서 새끼 꼬는 것처럼 한쪽 끝을 뒤집는다. 곤약, 더운 요리 등에 사용한다.

⑰ 매듭어묵모양 만들기(結蒲鉾, むすびかまぼこ, 무스비카마보꼬)
가마보꼬를 7mm 정도 두께로 썰어서 칼집을 넣고 다시 가운데 칼집을 넣어 양끝을 통과시켜 묶는 것처럼 하는 방법이다.

⑱ 붓끝모양 썰기(筆生姜, ふでしょうが, 후데쇼가, きねしょうが, 기네쇼가)
하지가미(はじがみ : 햇생강)를 붓끝처럼 깎아 만드는 방법으로 하지가미를 다듬어 방망이처럼 잘라 쓴다 하여 '기네쇼가'라 불린다. 구이류(燒物) 등의 아시라이(あしらい : 곁들임재료)에 사용한다.

⑲ 갈고리모양 만들기(いかりぼうふう, 이까리보후)
보후후라는 식물의 줄기를 십자로 칼집을 넣어 모양을 내거나, 미쓰바를 줄기째 사용하는 방법이다.

⑳ 솔방울모양 오징어 썰기(松かさ烏賊, まつかさいか, 마쯔카사이까, まつぼつくり : 마쯔보쓰쿠리)
오징어를 솔방울 모양으로 자르는 방법이다.

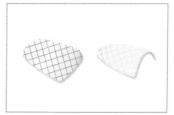

㉑ 당초무늬 오징어 만들기(からくさいか, 가라꾸사이까)
오징어를 세로로 비스듬하게 깊게 칼집을 넣은 뒤 옆으로 6~7cm로 잘라 뜨거운 물에 데치면 당초(唐草)무늬와 흡사하다 하여 붙여진 이름이다.

이외에도 난초꽃모양 썰기(あやめぎり, 아야메기리), 그물모양 무 자르기(ダイコンのあみぎり, 타이꽁노아미기리) 등이 있다.

7 일식 주방조직 및 직무분담

1) 조직도

호텔 일식당의 주방조직은 여러 부분으로 나누어지며, 열을 주로 이용하여 끓이고 굽고 간을 하는 니카타(燒方, にかた), 칼판에서 일하는 사람을 무꼬우이타(向こう板, むこういた), 요리 담는 일과 함께 채소를 다루며 구이요리의 곁들임 요리를 담당하는 모리다이(盛り立, もりだい), 스시카운터에서 주로 스시를 담당하며 대접객 창구역할을 하는 스시바(壽司場, すしば), 덴푸라를 담당하는 덴푸라바(天婦羅場, てんぷらば), 일식당에서 사용하는 기물 일체를 담당하는 아라이바(洗い場, あらいば)로 나뉘어 있다.

주방장을 Head Chef라고 부르고 그 아래로 부주방장을 Assist Chef, 각 섹션의 책임을 맡고 있는 사람을 Part Chef라 부르며 그 아래로 Regular Cook, Assist Cook, Trainee가 있다.

직급에 대한 호칭이나 각 섹션조직은 호텔 일식당 주방마다 조금씩 차이가 있다.

2) 파트에 따른 직무분장

(1) 스시바(壽司場, すしば)

일본요리가 세계적으로 명성을 떨칠 수 있었던 이유 중 하나인 초밥 담당 구역이며, 초밥의 재료준비에서부터 요리를 완성하기까지 모든 과정을 담당하는 구역이다. 고객과 직접 얼굴을 맞대고 접하며 요리를 판매하기도 하는 주방의 대고객 창구역할을 하는 섹션이다. 스시바에서는 고객의 피드백을 직접 경청하고 고객의 반응을 수집하여 주방장에게 보고하여 메뉴개발에 힘쓰도록 한다.

(2) 덴푸라바(天婦羅場, てんぷらば)

각종 튀김요리를 담당하는 섹션이다. 주방장의 지시를 받아 지시에 따라 관련된 업무를 수행한다.

(3) 니카타(燒方, にかた)

불을 이용하여 끓이고 굽고, 맛과 간을 조절하는 가장 중요한 파트로서 주로 뜨거운 요리를 취급하며 각종 다시를 만든다. 코스요리의 조림요리와 찜요리, 우동, 냄비요리를 담당하며 각종 양념 국인 다시 및 다레를 만든다.

(4) 무꼬우이타(向こう板, むこういた)

칼판을 담당하는 곳이다. 생선류를 중심으로 한 재료를 1차 손질하여 각 섹션에 나누어준다. 각종 생선회 등을 조리하는 섹션으로서 생선의 신선도와 오염도 여부 등을 꼼꼼히 검수하고 생선회(さしみ)를 완성하기까지의 조리업무를 대체적으로 이곳에서 담당한다. 그 외에 기타 식자재의 재고를 조사하여 주방장에게 보고하여 식자재 주문서 작성에 반영하도록 한다. 특히 다른 섹션과는 달리 이 코너에서는 주방장이 수시로 조리업무를 직접 수행하는 경우가 많은데, 그 이유는 복어회같이 독성분 등으로 인하여 조리하는 데 까다로운 식자재는 높은 조리기술이 필요하기 때문이다. 따라서 경험이 풍부한 조리장이 직접 조리업무를 수행하기도 한다.

(5) 모리다이(盛り立, もりだい)

진미를 비롯한 각종 전채요리와 과일 및 냄비요리의 재료 준비 등을 담당한다. 특히 전채(前菜, ぜんさい)는 그 수와 종류가 워낙 다양할 뿐만 아니라 계절별로 다르기 때문에 수시로 주방장의 지시를 받아 업무를 수행해야 한다. 각종 구이요리의 부재료를 준비하며 도시락의 재료 준비에서부터 완성까지 다른 섹션의 관련된 조리사와 협동으로 조리를 진행하고 완성품을 만든다.

(6) 뎃판야끼(鐵板燒 : てっぱんやき)

'스시바'와 비슷하게 대고객 서비스를 조리업무와 함께 수행하는 섹션이다.

'스시바'에서는 초밥에 사용하는 어패류 등을 대부분 생으로 조리하는 것을 그 특징으로 한다면, '뎃판야끼'는 그와 반대로 육류를 주로 철판에 굽는 철판요리를 한다.

(7) 아라이바(洗い場 : あらいば)

세척부(Steward)를 의미하며 일식당에서 사용하는 기물 일체를 담당하는 부서로, 이 섹션은 무엇보다 기물의 파손(Breakage)에 유의해야 한다. 일식기물은 크기가 작지만 형태와 모양이 제각각이면서 고가인 것이 대부분이므로 특히 주의해야 한다.

3) 직급에 따른 업무분장

호텔의 일식당의 직급체계는 주방장인 Head Chef를 중심으로 아래로 Assist Chef, Part Chef, Regular Cook, Assist Cook, Trainee로 나눌 수 있으며, 직급에 따른 업무는 다음과 같다.

(1) Head Chef

일식 주방을 총책임지며 주된 업무로는 주방 업무방침 및 매출목표 설정 그리고 메뉴 개발 및 교체, 직원 서비스 교육, 최고의 음식, 최고의 위생을 통한 영업을 활성화시키며 직원의 근무 Schedule 및 근태관리, 인사고과, Cost관리를 하며 주로 관리부분의 업무를 많이 담당한다.

(2) Assist Chef

부주방장으로서 주방장이 자리를 비울 시 주방장을 대신 맡아서 업무를 수행하고 실질적인 요리에서의 전문가로서 직원들의 교육훈련을 담당하므로 요리에 대한 넓은 학식과 많은 정보를 갖고 있어야 한다. 상사의 전달사항을 받아 이행하며 직원들의 안전사고 방지교육 관리를 한다. 위생, 청결, 식품안전에 대한 전반적인 Check를 하며 부서의 협동과 화합을 위해서는 부주방장의 역할이 중요하다.

(3) Part Chef

주방장과 부주방장을 보좌하기도 하며 한 섹션의 책임조리장을 담당한다. 일식주방의 여러 섹션(스시바, 니카타, 모리다이 등)을 전부 소화할 수 있는 조리에 대한 정보와 경험을 바탕으로 기술의 축적과 능력을 가지고 주방의 원활한 운영에 힘써야 한다.

(4) Regular Cook

주방의 한 섹션을 담당하는 숙련 조리사로서 상사와 부하직원 간의 중간 대변인으로서 모든 섹션의 조리업무와 직원에 대해서도 빠삭하게 알고 있어야 한다. 요리에 대한 고객의 불평뿐만 아니라 부하직원들의 불만 또한 파악하여 상사에게 보고함으로써 주방 운영이 원활하도록 기여해야 한다.

(5) Assist Cook

Regular Cook의 일을 도우면서 한 섹션의 요리를 담당한다. 주방 및 메뉴의 구성, 고객의 접대 및 환대 등과 같은 전체적인 업무 습득을 위해 노력해야 한다.

(6) Trainee

대체적으로 주방에서 사용하는 식재료의 수령 및 냉장고의 정리정돈, 주방의 청소 등을 담당하며, 식재료에 대한 기본적인 취급방법을 정확하게 숙지해야 한다.

회석요리의 특징 및 역사

제**2**장

1 회석요리(會席料理)의 특징

회석요리는 연회용 요리로서 에도시대(1603~1866)부터 이용되었으며, 혼젠요리를 개선하여 이용했다고 알려져 있다.

비슷한 맥락의 회석요리 이름인 가이세키요리(懷石料理)와 혼동하여 사용되고 있는데 이 둘은 서로 의미하는 바가 전혀 다르기에 정확한 의미로 숙지해야 한다. 가이세키(懷石)는 차와 함께 제공되는 식사로 개념적으로 차를 마시기 위한 요리이다. 반면 가이세키요리(會席料理)는 술을 즐기기 위한 요리로, 가이세키요리(懷石)와 후꾸사요리의 중간형태를 갖추고 있으며 술과 식사를 중심으로 즐기는 연회요리로서 현대 주연요리의 주류를 이루고 있다.

가이세키의 상은 최근 들어 순서에 따라 천천히 상에 내는 방법을 이용하기도 한다. 특히, 요리를 내갈 때 요리 사이의 간격시간을 잘 맞춰서 내야 한다.

기본적인 가이세키요리의 메뉴는 고쓰께(小府), 맑은국(吸物), 조림요리(煮物), 초회(酢の物), 튀김(揚げ物) 등 여러 종류로 구성되어 있으나 요리를 늘릴 때에는 추가안주라고 하여 더 낼 수도 있다. 마지막에는 대체적으로 밥과 된장국과 함께 절임류를 곁들여 올린다.

회석요리는 개념적으로 술안주로 구성되는 요리이며, 종류로는 먹어치우는 형식의 가이세키요리(쿠이기리형식)와 일반연회요리라고 말하는 배선형식의 가이세키요리가 있다.

연회요리는 미리 준비해 두지만, 더운 요리는 따뜻하게 해서 제공하는 형식을 말한다. 기본적 의미로 곤다테(獻立 : 메뉴)가 있는 것을 회석요리(會席料理)라 한다. 즉 업장에서 미리 구성해 놓은 메뉴가 존재하는 것이 전제조건이 된다.

또 회석요리는 술안주로 구성되기 때문에 대부분 마지막에 제공되는 것이 큰 특징이다.

2 회석요리(會席料理)의 순서

회석요리는 격식이 딱딱한 일식요리의 특징을 보완한 주안과 가벼운 식사를 겸한 것이다.

실제 요리에 있어서 조리장의 결정에 따라 얼마든지 순서가 변동될 수 있다.

1) 진미(先府, さきづけ, 小府け, こづけ)

전채(前菜)와 동일하게 처음으로 내는 간단한 안주(つまみ)로서 담백하면서도, 식욕을 돋워주고 공복감을 줄여주는 역할을 한다.

2) 전채(前菜, ぜんさい)

중국, 서양의 영향을 받은 요리이다.

젠사이요리를 내기 전 사끼스께(先府)와 더불어 먼저 내게 되는 술안주로 미각뿐만 아니라 시각을 통해 식욕을 돋우며 양은 적게 하고 맛이 담백해야 한다. 여러 식재료를 골고루 사용하며, 계절감은 최대한 살려야 한다.

또한 각각의 조리법, 색상 등도 달라야 한다.

3) 맑은국(吸物, すいもの)

스이모노, 스마시루, 오스마시라고 부르기도 한다.

맑은국의 구성은 주재료(種 : 다네), 부재료가 되는 야채(つま), 향이 나는 재료(吸口 : すいくち)로 중심을 잡고 있다. 일본요리 중에서 특히 계절감을 가장 중요시하는 요리이기도 하다.

국물은 일번다시(이찌반다시)를 주로 이용한다. 맑은 국물(스마시시루)의 주재료(種 : 다네)는 담백해야 하고 특이한 냄새가 없고 석당한 크기여야 한다.

부재료가 되는 야채(つま)를 정할 때 주재료와 조화를 이루어야 하며 야채, 해초류 등을 준비하며, 향을 내는 재료(吸口)에는 유자, 산초 등 계절적 재료를 첨가한다.

4) 생선회(お造り, おつくり : 刺身, さしみ)

어패류가 많이 잡히는 일본의 자연적 특성으로 인해 일본요리의 대표적인 위치를 차지하는 요리이다.

'사시미'라고 널리 알려져 있으며 '사시미'의 어원을 살펴보면 조리한 생선에 그 지느러미를 꽂아서 담았다고 해서 '사시미'라는 이름이 붙게 되었다고 한다.

그 종류는 자르는 방법이나 만드는 방법에 따라 명칭이 다양하다.

생선회 자르는 방법은 평썰기(平造り, ひらづくり, 히라즈꾸리), 잡아당겨썰기(引造り, ひきづくり, 히키즈꾸리), 깎아썰기(削造り, そぎづくり, 소기즈꾸리), 가늘게 썰기(細造り, ほそづくり, 호소즈꾸리), 얇게 썰기(薄造り, うすづくり, 우스즈꾸리), 실굵기썰기(絲造り, いとづくり, 이토즈꾸리), 각썰기(角造り, かくづくり, 가쿠즈꾸리), 뼈채썰기(背越, せごし, 세고시) 등이 있다.

만드는 방법에 따라서는 통사시미(姿造り, すかたつくり), 씻음(洗い, あらい), 살짝 데침(露降造り, しもふりつくり), 살짝 군 회(燒露造り, やきしもつくり), 살짝 익힌 회(湯引き, ゆびき) 등 여러 행태가 있다.

와사비(山葵) 간장(醬油), 초간장, 겨자(辛子) 등을 첨가해 먹기도 한다. 이외에 닭고기, 소고기, 곤약구로를 올린 것도 '사시미'라 부른다.

무를 얇게 벗겨 채 썰어 놓은 갱이나 무순은 입안에 맴도는 생선 맛을 한번 씻어서 혀의 감각을 처음처럼 새롭게 하는 의미이므로 교대로 먹는다.

생선회는 식사 예법에 따라 왼쪽, 오른쪽, 중앙 순으로 먹어야 좋으며 담백한 것부터 지방이 있는 것으로 맛을 옮겨가며 먹어야 사시미를 제대로 느낄 수 있다.

5) 구이요리(燒物, やきもの)

직접 또는 간접적으로 불을 이용해 굽는 요리의 총칭이며 일본요리에 있어 메뉴에서 중점의 위치를 차지하는 중요한 요리이다.

야키모노라는 말은 옛날부터 사용되어 왔는데, 옛날의 축하상(이와이센)에 들어가는 것으로 흰 비단이나 가쓰오부시, 금종이 등으로 정성스럽게 꾸며 손님에게 선물하는 것을 야키모노라고 불렀다고 한다.

현재 야키모노(燒物)는 일반적으로 생선구이의 의미로 불리고 있으며 재료에 따라 꼬챙이로 꿰는 조리방법이나 굽는 순서에 각별히 주의해야 한다.

6) 조림요리(煮物, にもの)

일본요리의 기본 메뉴 중 하나인 조림요리는 식사에서 중요한 위치를 차지할 뿐만 아니라 가이세키요리에서도 매우 중요한 위치를 가진다.

지역에 따라 어느 정도 맛이 다른데 일반적으로 관서요리에서는 대개 국물이 많고 담백한 맛을 내는 반면, 관동요리에서는 국물이 적고 농후한 맛의 간을 하는 것이 조림요리의 전통이다.

간을 하지 않고 굽기도 하고, 기름에 튀기는 등 여러 조리법으로 간을 하는 요리이다. 또는 전분 같은 가루류 등을 첨가하기도 하며 요리재료 자체의 색과 맛, 신선도에 주의하며 요리해야 한다.

시로니, 간로니, 아게니, 요시노니, 시부니, 아라니 등 많은 종류를 가지고 있기도 하다.

7) 튀김요리(揚げ物, あげもの)

튀김요리는 기름을 사용하여 높은 온도에서 비교적 단시간에 가열할 수 있기 때문에 식품의 조직을 덜 파괴하며 쉽게 연화하지 않아 영양소의 손실이 적다는 장점이 있다.

튀김조리법은 에도시대에 포르투갈 등의 외국문화의 유입과 함께 성장하여 일본인의 식생활에도 정착하게 되었다. 어원으로 포르투갈어의 tempero(조미료), 스페인어의 templo(사원) 등 많은 외래어 설이 존재한다.

튀김요리의 핵심은 바삭바삭하게 튀기는 것이 생명이라 할 수 있다.

이렇게 튀기기 위해서는 기름의 양과 온도조절, 튀김옷을 차갑고 끈적이지 않게 하는 것이 튀김요리를 바삭하게 튀기는 요령이다.

튀김요리 또한 여러 종류가 있는데 이러한 튀김요리의 종류는 다음과 같다.

(1) 스아게(素揚げ, すあげ)

재료의 수분을 제거하고 그대로 튀기는 방법으로 재료의 색이나 형태를 살리고 싶을 때 사용한다.

(2) 가라아게(唐揚げ, からあげ)

생선이나 야채 등의 재료에 밑간을 해준 다음 그 표면에 밀가루, 전분, 찹쌀가루 등을 묻혀 튀기는 것을 말한다.

(3) 고로모아게(衣揚げ, ごろもあげ)

일반적으로 덴푸라라고 하는 것으로 밀가루를 주로 해서 튀김옷을 만들어 생선이나 야채에 골고루 묻혀 튀기는 것을 말한다.

이외에 가와리아게(変わりげ, かわりあげ)도 튀김의 종류 중 하나이다.

8) 초회요리(酢の物, すのもの)

혼합초는 새콤달콤하게 배합하여 재료와 곁들여 내는 요리로서, 계절감을 가지고 입안에 시원함을 주어 식욕을 자극하고, 재료가 가진 본래의 맛을 유지하는 것이 중요하다.

생선은 소금이나 식초에 절여진 것을 사용하는 경우가 대다수이며, 씹히는 맛을 높이기 위해 굽거나 데치는 방법을 이용하기도 한다.

신선도에 특히 주의를 기울여야 하며 식초를 많이 사용하기 때문에 비린내가 나는 재료도 식초를 이용해 상큼하게 먹을 수 있다.

오이, 미역 같은 해초류 등의 야채를 바탕으로 어패류와 함께 담아낸다.

주로 사용되는 혼합초로는 삼바이스가 있다.

담백한 맛과 어느 정도의 산미가 있어 짙은 조림, 튀김 등 요리 뒤에 배합하여 산뜻함을 주고 식욕증진 및 피로 회복에도 도움을 주며 주로 여름철의 음식으로 적당하다.

9) 식사(お食事, おしょくじ)

가이세키요리의 마지막 코스로 주로 밥을 내간다. 요리의 내용에 따라 양과 질을 결정하고 그날의 전체 메뉴를 고려하여 손님의 고려사항을 잘 조화시켜야 한다. 종류는 흰밥, 면류, 죽, 초밥류 등으로 볼 수 있으며, 경우에 따라 국물, 일본김치를 곁들이기도 한다.

- 국물(도메왕) : 가이세키요리의 상차림에서 마지막에 밥과 함께 내는 국물로서 된장국이 대중적으로 알려져 있으나 맑은국(스마시시루)을 내는 경우도 있다. 국물은 요리의 마지막 순서임을 손님에게 알리는 것으로 밥, 일본김치와 함께 낸다.

- 도메왕(된장국) : 도메왕은 된장국을 가리키는데 어원은 요리가 끝났다는 뜻으로 붙여진 이름이다. 2~3회 계속해서 마시지 않도록 주의하고 밥과 교대로 먹는다.

10) 과일(果物, くだもの)

계절적인 과일을 원칙으로 하며 전체적인 요리를 봐서 양을 조절해 낸다.

일식의 종류

제3장

생선회요리(刺身, さしみ)

1) 생선회의 개요

사방이 바다로 둘러싸인 일본의 지리적 특성상 신선한 생선들이 매우 풍부하며, 조리법 또한 구이, 조림, 튀김, 찜 등으로 매우 다양하다. 그중에서도 제일 손이 덜 가면서 자연 그대로의 맛을 느낄 수 있는 요리가 바로 이 생선회(사시미)다.

대체적으로 관서지방에서는 쓰쿠리, 관동지방에서는 사시미라고 불린다.

옛날에는 생선살을 식초에 담갔다가 먹었다고 알려졌는데 관서지방에서 사시미를 오쓰쿠리(お造り)라고 불린 이유는 오쓰쿠리미(お造り身)로부터 온 것이고, 그 이후로 간장에 찍어 먹는 것을 사시미라고 불렀다고 한다.

사시미에 쓰이는 재료는 무수히 많으나 재료에 따라 여러 가지 방법으로 썰어 '사시미 문화'가 형성됐다.

특히 일본은 조리용 칼이 특출나게 발달하였는데 이것은 사시미 음식문화와 밀접한 관계를 가지고 있다. 여러 종류의 칼들을 준비하여 용도에 맞게 사용할 수 있도록 한다. 예를 들어 일본은 복어회 전용 칼, 장어의 뼈만 자르는 칼, 뱀장어의 배를 가르는 데 사용하는 칼 등 다양한 특정 생선요리용 칼이 있다.

2) 생선회의 유래

옛날 일본의 무사정권시대에 오사카성의 어느 장군에게 멀리서 귀한 손님이 방문할 예정이었다. 직속 부하에게 맛있는 요리와 술을 준비하도록 명령했고 장군의 지시를 받은 조리장은 자신의 실력을 평가받을 기회라 여겨 최선을 다하여 진수성찬을 차렸다. 조리장은 산해진미의 음식과 열 가지가 넘는 생선회를 만들어 올렸으며 장군은 처음 접해본 생선회를 손님과 맛있게 먹게 되었는데, 맛에 반한 손님이 문득 "장군, 이 회는 무슨 고기로 만든 것이죠?"라고 물었다. 그러나 생선의 이름을 잘 몰랐던 장군은 조리장을 불러 이에 답하도록 명령했다.

조리장은 횟감에 사용된 고기의 이름과 조리법에 대해 설명하여 손님으로부터 극찬을 받았다. 이후 조리장은 어떻게 하면 장군께서 어려운 생선이름을 외우지 않고도 생선회를 즐길 수 있게 할 수 있을까? 궁리하던 끝에 하나의 대책을 생각해 냈다.

그 대책은 작은 깃발을 만들어 그 깃발에 생선이름을 적어 생선회의 살에 꽂아서 상에 올리면 좋겠다는 것이었다. 이후 장군은 생선의 이름에 신경을 쓰지 않고도 손님들과 맛있는 회를 즐길 수 있게 되었다고 한다.

이런 옛 이야기에서 내려온 사시미의 '사스(刺す)'는 찌르다, 꽂다라는 의미이며, '미(身)'는 몸, 물고기나 생선, 짐승의 살을 의미한다. 그래서 생선살에 작은 깃발을 꽂았다 하여 일본에서는 생선회를 "사시미(刺し身)"라 하게 되었다는 유래가 전해진다.

3) 생선회 자르는 법

생선회는 사시미칼로 써는 방법에 따라 맛이 바뀐다.

각 생선마다 가지고 있는 특성을 얼마만큼 잘 살려내어 썰었느냐에 따라 맛이 극과 극을 달린다. 예를 들어 담백한 흰살 생선은 얇게 썰어야 쫄깃함과 담백한 맛을 느낄 수 있고 붉은살 생선인 참치 같은 경우는 약간 두껍게 썰어야 생선의 고소한 맛을 즐길 수 있다.

(1) 평썰기(平造リ, ひらづくリ, 히라즈꾸리)

생선을 자르는 방법 중 가장 대중적으로 사용하는 방법으로 포 뜬 살은 모양대로 두고 생선의 성질에 알맞게 두께를 써는 것으로 잘린 부분은 광택이 나고 각이 살아 있도록 자르고 자른 후 자른 살은 우측으로 밀어 가지런히 겹쳐 놓는다. 주로 모양을 살려서 담을 때나 참치를 썰 때 이렇게 쓴다.

(2) 잡아당겨썰기(引造リ, ひきづくリ, 히키즈꾸리)

칼을 비스듬히 눕혀 써는 방법이다. 평썰기와 같은 요령으로 당기면서 써는데 자른 살은 우측으로 보내지 않고 칼을 빼낸다. 살이 부드러운 생선의 뱃살부분을 썰 때 사용하는 방법이다.

(3) 깎아썰기(削造リ, そぎづくリ, 소기즈꾸리)

포 뜬 생선살의 얇은 쪽을 자신의 앞쪽으로 하고서 칼은 우측으로 45도 각도로 눕혀서 깎아내듯이 써는 방법이다. 아라이(얼음물에 씻는 회)할 생선이나 모양이 좋지 않은 회를 자를 때 쓰는 방법이다.

(4) 가늘게 썰기(細造リ, ほそづくリ, 호소즈꾸리)

광어, 도미 등을 기호에 따라 가늘게 써는 방법이다. 칼끝을 도마에 대고 손잡이가 있는 부분을 띄우고 써는 방법으로 싱싱한 생선이어야 가늘게 썰어도 씹는 맛을 느낄 수 있다.

(5) 얇게 썰기(薄造リ, うすづくリ, 우스즈꾸리)

복어나 흰살 생선같이 살에 탄력 있는 생선을 최대한 얇게 써는 방법으로 높은 기술력을 요구한다. 얇게 썰기 때문에 신선도가 떨어지는 생선은 썰 수가 없으며, 살아 있는 생선으로 해야 얇게 잘 썰 수 있다.

(6) 실굵기썰기(絲造リ, いとづくリ, 이토즈꾸리)

광어, 오징어 등을 실처럼 가늘게 써는 것으로 다른 종류의 젓갈이나 작은 용기에 담을 때 사용하는 방법이며, 각별히 좋은 재료를 이용해서 썬다.

(7) 각썰기(角造リ, かくづくリ, 가쿠즈꾸리)

참치나 방어 등의 생선을 직사각형 또는 사각으로 각지게, 깍두기 모양으로 써는 방법으로서, 야마카케(山掛)가 대표적이다.

(8) 뼈째썰기(背越, せごし, 세고시)

병어, 은어와 같이 작은 생선을 손질하여 뼈째로 썬 후 얼음물에 씻어 수분을 잘 제거하여 회로 먹는 방법으로 주로 살아 있는 생선만을 이용한다. 뼈째로 썰기 때문에 뼈의 고소한 맛을 즐길 수 있는 생선회 조리법이다.

4) 생선회의 형태 나누기

(1) 계절에 따른 형태

생선을 먹을 때는 제철인지 아닌지 따져보고 먹는 경우가 종종 있다.

이 제철(旬)은 생선 산란기 1~2개월 전의 경우가 대다수이며, 산란에 대비하여 먹이를 많이 먹기 때문에 육질이 탄력 있고 생선의 살에 지방이 올라 맛있기 때문이다.

회를 더욱 맛있는 상태에서 먹으려면 생선의 성질을 잘 파악하고 거기에 알맞은 썰기와 담기의 기술을 이용해서 담아야 한다.

육질이 신선하고 단단한 것은 살이 질기기 때문이므로 얇게 자르고, 살이 붉은 참치나 방어 등은 약간 두껍게 자르는 것이 생선의 맛을 깊게 음미할 수 있는 방법이다.

고등어와 같이 등이 푸른 생선은 일단 소금으로 한번 절이고 식초물에 절여서 사용한다. 그래야 식중독 및 복통 질환을 방지할 수 있다.

또한, 흰살 생선같이 담백한 생선은 맛을 보충하기 위해 다시마에 절이는 방법이 있다. 오징어와 같이 탄력 있는 것은 가늘게 썰거나 깊게 칼자국을 넣는 등 여러 형태로 '사시미'를 즐긴다.

(2) 만드는 방법에 따른 형태

① 통사시미(姿造り, すかたつくり)

작은 도미나 학꽁치, 랍스타 등의 생선을 통째로 담는 방법이다. 뼈에서 살을 잘 오로시해서 뼈 위에 살을 가지런히 썰어 보기 좋게 올려놓는 것으로, 싱싱하게 보이는 시각적인 효과와 식욕을 돋우고 멋을 부릴 수 있는 썰기 방법이다.

② 씻음(洗い, あらい)

살에 탄력이 있는 도미, 농어 등이나 잉어, 붕어 등의 살아 있거나 선도가 높은 담수어를 사용한다.

생선의 살을 얇게 떠서 약간의 술을 넣은 얼음물에 담가 씻어내는 방법으로 생선의 지방기와 잡내를 없애주고 살에 탄력을 줘서 좀 더 산뜻한 맛을 가진 생선회를 즐길 수 있다. 특히, 여름철에 많이 하는 방법으로 초된장을 많이 곁들여 먹는다.

③ 살짝 데침(霜降造り, しもふりつくり)

도미같이 껍질이 단단하고 질겨서 그대로 먹기에는 부담스러운 것을 껍질에 칼집을 넣고 뜨거운 물을 부어서 살짝 데쳐 부드럽게 해서 먹는 방법으로, 껍질과 살 사이에 있는 영양분을 섭취할 수 있어서 또 다른 맛의 생선회를 즐길 수 있으며 씹는 맛도 좋은 편이다.

이외에도 문어를 회로 먹기 위해 약간의 녹차물을 데쳐내어 사시미로 하는 방법도 있다.

④ 살짝 구운 회(燒露造り, やきしもつくり)

아구, 놀래미 등을 껍질의 부드러움을 살리기 위해 만드는 방법이다.

잡냄새를 없애기도 하고, 껍질을 먹기 쉽고 부드럽게 해주며, 구운 향을 부여하기 위해 생선살을 꼬치에 꿰어 껍질만 직화로 구워 얼음물에 식혀 물기를 제거하고 회로 먹는 방법이다. 곁들여 먹는 것으로는 실파, 마늘, 뽄스와 곁들여 먹기도 한다.

이외에도 뿔뿔이 흩어진 회(ちり造り, ちりつくり), 살짝 익힌 회(湯引き, ゆびき) 등도 있다.

5) 생선의 선도 구별방법

(1) 신선한 생선 고르기

① 생선을 구입할 때 가장 기본적으로 구별할 수 있는 신선도의 기준은 눈이다. 생선의 눈알이 막에 덮인 듯 뿌옇고 탁하다면 신선도가 떨어지는 생선이고, 맑고 투명하고 볼록하게 튀어나와 있는 것은 신선한 것으로 볼 수 있다.

② 내장이 들어 있는 배 부분이 팽팽하면서 탄력이 있고 꾹 눌렀을 때 단단한 느낌이 든다면 신선한 것이다.

③ 아가미의 색깔이 선명한 선홍색이면 신선한 생선이고 어두운 적갈색으로 변한 것은 신선도가 떨어진 것이란 뜻이다.

④ 모양새가 반듯하면서 지느러미가 제대로 붙어 있고 몸에 탄력이 있어 본래의 모양을 유지하고 비늘이 제대로 붙어 있고 윤기가 난다면 신선도가 높은 제품이니 구매한다.

⑤ 생선 비린내가 보통 것에 비해 역하고 비린내가 심하다면 신선도가 떨어진 것이다.

이외에도 포장해서 파는 생선 같은 경우에 신선도를 알아보는 방법은 용기를 기울였을 때 물이 흐르는 것은 신선도가 떨어지는 것이며 또한, 포장된 비닐의 안쪽에 김이 서려 있으면 물이 생긴 생선을 다시 냉동한 것일 수도 있으니 주의해서 사도록 한다.

횟감으로 사용할 생선은 살아 있는 것을 그 자리에서 회로 뜨는 것이 가장 신선하게 즐길 수 있는 방법이지만, 만약 미리 잘라 놓아져 있다면 그것은 통째로 살 때보다 신선도가 떨어져 있을 것이다. 그러므로 생선의 종류에 따라 조금씩 다르지만, 잘라 놓은 표면에 물기가 배어 있거나 번쩍이는 가루가 묻어 있는 것처럼 보이는 것은 피한다.

6) 생선회 맛의 결정과 영양적 가치

생선회는 특성에 따라서 써는 두께를 달리해야 맛이 좋아진다.

우리가 먹는 음식의 맛이 좋은지 여부는 우리가 갖고 있는 오감(五感)을 통하여 결정되며, 특히, 생선회는 오감 중에서 씹을 때 느끼는 촉감(觸感)과 미각(味覺)이 가장 크게 영향을 미친다.

생선은 종류에 따라 육질이 단단한지 연한지에 따라서 나뉘는데, 단단한 육질로 고급생선 횟감인 복어, 넙치, 돔, 전복 등은 근육 중에 콜라겐 함량이 많고, 연한 육질인 참치, 방어 등은 그에 비해 콜라겐 함량이 적다.

대체적으로 육질이 연한 어종은 생선회로 조리할 때는 두껍게 썰고 육질이 단단한 어종은 얇게 썰어야만 씹는 맛이 좋아진다.

특히, 복어회를 조리할 때 얇게 써는 이유는 복어를 두껍게 썰면 고무를 씹는 불쾌한 느낌이 나므로 '나비가 날아가듯이' 얇게 썰어서 접시의 무늬가 보이게끔 접시 위에 펼친다.

얇게 썬 복어회를 전용 양념장에 찍어서 입에 넣고 혀로 살살 굴리면서 담백한 맛을 느끼고, 씹으면서 특유의 쫄깃쫄깃한 맛을 느끼면 그 맛은 가히 일품이라 극찬할 만하다.

그리고 흰살 생선 횟감으로 인기가 좋은 광어, 우럭, 농어 등은 대체로 얇은 두께로 썰며 씹는 맛을 좋게 하기 위해 두껍게 써는 것도 좋다.

한편, 참치, 방어 등은 두껍게 썰어야만 씹는 맛이 좋고, 이와 같은 붉은살 생선은 지방질 함량이 많으므로 혀로 느끼는 미각(味覺)과 씹는 맛이 어우러져서 맛을 조화롭게 만족시켜 준다.

(1) 생선회의 육질에 따른 맛 차이

생선회는 꼭 살아서 팔딱팔딱 뛰는 것을 회로 뜬다고 해서 가장 맛있는 것은 아니다.

현지 일식집에서 조리되는 생선회는 '시메'의 형태로 아침에 필렛(포)으로 떠서 냉장고에 넣어두고 점심이나 저녁에 생선회로 내는 것이 일반적이다.

기본적으로 모든 생명체는 사후 조기에 근육의 수축현상이 일어나며, 근육의 수축에 의하여 육질이 단단하게 된다. 특히 육질이 단단한 어종 같은 경우는 수축의 세기가 강하고 지속시간이 길다. 반면에 육질이 연한 어종은 수축의 세기도 약하고 지속시간도 짧다. 일식집에서처럼 '시메' 형태로 생선을 처리하는 방법으로 인하여 즉살한 것보다는 육질의 단단함이 증가한다.

근육의 수축에 의해 육질의 단단해지는 정도는 어종마다 차이가 있으며, 복어는 24~36시간 후에, 그리고 넙치, 우럭, 돔은 5~10시간 후에 육질의 단단함이 20~30% 정도로 증가한다.

또한, 상기의 저장시간 중에 근육 중의 ATP가 분해되어서 감칠맛을 내는 이노신산(IMP)이 생성되어 혀로 느끼는 미각도 더 좋아지게 된다.

육질이 단단한 복어, 우럭, 농어 등은 치사 후 일정시간이 지나면 육질이 더 단단해지고 감칠맛이 좋아지므로 치사 후에 일정시간 저온에서 보관한 후에 먹으면 맛이 더 좋다. 한편, 육질이 연한 어종은 사후에 육질의 단단함이 저하되므로 이것은 팔딱팔딱 살아 있는 것을 생선회로 조리하여 먹는 것이 좋다.

(2) 생선회의 영양적 가치

유럽, 미국과 같이 주로 육류 위주의 식습관을 가진 곳은 동맥경화, 고혈압, 심근경색 등의 호흡계 질환에 의한 사망률이, 생선을 많이 먹는 일본, 스칸디나비아 연안반도국들보다 높게 측정되며 생선을 많이 먹으면 장수한다는 통계도 나오고 있다.

수산물의 지방 중에는 고도불포화지방산인 DHA(docosahexaenoic acid) 및 EPA(eicosapentaenoic acid) 등의 기능성 물질이 풍부하게 들어 있어서, 이것들이 성인병 원인물질을 감소시키며, 피가 엉켜 생기는 혈전을 억제시켜서 동맥경화 및 고혈압, 심근경색 계통 등의 질병예방 효과가 있음이 밝혀져 있다.

이외에도 미숙아 예방 및 성장 어린이들의 세포발육 향상 및 혈관의 콜레스테롤 수치를 저하시켜 노인치매, 동맥경화, 고혈압, 심장혈관 관련 질병의 예방과 치료에 상당한 효과가 있다는 것이 실험을 통해 확인되었다.

(3) 약이 되는 생선

　　① 뇌경색, 심근경색 : 정어리, 꽁치, 고등어, 방어
　　② 빈혈 : 가다랑어, 은어, 오징어
　　③ 간질환 : 다랑어(참치)
　　④ 시력저하 : 연어, 붕장어
　　⑤ 스트레스 : 뱀장어, 도미, 대구
　　⑥ 골다공증 : 미꾸라지, 빙어
　　⑦ 세포 활성화 : 가자미, 넙치, 새우, 해삼, 갯장어, 아귀
　　⑧ 동맥경화, 고혈압 : 전갱이, 옥돔, 오징어, 게, 낙지, 가리비
　　⑨ 정력 증강 : 뱀장어, 갯장어, 붕장어, 청어

7) 생선회 즐기기

(1) 생선회를 맛있게 먹는 순서

생선은 넙치, 돔, 우럭, 농어 등의 흰살 생선과 방어, 참치 등의 붉은살 생선, 푸른색을 띠는 전어, 고등어, 전갱이 등의 나누어진다.

대체적으로 생선회를 먹는 순서는 담백한 맛을 내는 도미, 농어, 우럭 등의 흰살 생선회를 먼저 먹고 난 다음에 맛이 진한 붉은살 생선회를 먹는 것이 각각의 생선회 맛을 깊게 느낄 수 있는 시식 방법이다.

생선회를 먹을 때 흰살 생선회를 붉은살 생선회보다 먼저, 그리고 생선초밥을 먹을 때 하나 먹고 차를 마시거나 초생강을 씹어서 그 맛을 깨끗이 씻어낸 후에 다음 생선초밥을 먹는 방법은, 생선회의 종류에 따른 각각의 고유의 맛을 제대로 느낄 수 있는 올바른 시식 방법이다.

(2) 생선회가 가장 맛있는 온도

음식을 먹을 때 맛이 제일 좋게 느끼는 적온(適溫)이 있으며, 보통 사람의 체온을 중심으로 하여 상하 25~30℃의 범위이다.

요즘은 수족관에도 활어의 활력(活力)보존을 위하여 대부분 냉각시설이 되어 있어서 여름철에도 수조의 온도가 15℃ 정도로 조절되어 있으므로, 생선회를 조리하면 육질은 이 온도가 된다고 보면 될 것이다.

냉각시설이 없는 수조의 수온은 여름철은 20℃를 훨씬 넘으며, 이런 활어를 생선회로 조리하여 먹으면 미지근하고 퍼석퍼석한 느낌이 들 뿐만 아니라, 육질의 단단함의 저하도 빠르다. 따라서 생선회를 가장 맛있게 먹을 수 있는 온도는 5~10℃가 적정선일 것이다.

일식집에서 생선회를 시메시켜서 넣어두는 냉장고의 온도를 5℃ 전후로 맞추는 것은 저온에 의한 근육수축으로 육질이 단단해져 쫄깃함이 증가하는 효과 외에, 생선회를 먹을 때 가장 최상의 맛을 느낄 수 있는 적온으로 온도를 맞추는 효과도 있다.

(3) 양식산과 자연산의 차이점

양식산의 대표 어종인 광어와 참돔의 자연산과 양식산의 영양성분을 조사한 결과에 의하면, 3대 영양소 중에서 단백질과 탄수화물의 양은 거의 비슷하고, 지방은 양식산이 사료섭취 영향으로 자연산보다 약간 많으며, 필수아미노산뿐만 아니라 칼슘, 인, 철 같은 영양적인 측면에서도 양식산이 자연산보다 높게 분석되었다.

따라서 양식산이 자연산보다 영양적인 면으로는 약간 우수하다.

한편으로, 생선회의 맛에 가장 큰 영향을 미치는 육질의 쫄깃한 정도는 활동범위가 넓고 운동량이 많은 자연산이 폐쇄된 수조에서 지낸 운동량이 적은 양식산보다 약간 높다. 그러나 그 차이는 일반사람들은 느끼지 못하며, 미각이 특출나게 발달한 사람들이나 알 수 있는 아주 미묘한 맛 차이다.

2 초밥요리(壽司, すし)

1) 초밥의 개요

일본어 대사전에 나와 있는 내용에 따르면 초밥은 스시(すし)라고 하며, 뜻은 (1) 어패류를 염장하여 자연 발효시킨 것, (2) 초밥에서 밥이 주된 재료가 되어 비빔 초밥, 쥔 초밥(손으로 쥐어 뭉친 초밥) 등의 총칭이라 풀이되어 있다.

또한 일영 사전에는 sushi를 vinegared rice ball with raw fish로 풀이해 놓았다. 구체적으로 설명하자면 식초 맛을 첨가한 밥을 손으로 쥐어 그 위에 얇게 썬 생선살을 얹은 것 또는 김으로 만 것이라고 명시되어 있다. 두 사전에는 초밥에 관하여 이해하기 쉽도록 간단명료하게 설명되어 있다. 특히 어패류를 염장하여 자연발효시켰다는 정의는 초밥의 시발점을 정확히 알려주는 것이다.

즉 일본의 초밥은 (1)에서 (2)로 바뀌면서 발전했고, 최근에 들어 스시, 鮨, 鮓, 壽司, 壽し, すし, Sushi, 초밥이 되어 세계적으로 널리 알려진 일본요리가 된 것이다.

2) 초밥의 유래

일본어로 '스시'라 읽는 지(鮨)와 자(鮓)는 2000여 년 전부터 있었던 한자로, 두 글자 모두 생선살을 조리한 식품이란 뜻이다.

젓갈 지(鮨)를 구성하는 旨(맛있을 지)에는 숙성한다는 의미가 내포되어 있고, 젓갈 자(鮓)를 구성하는 乍에는 얇게 벗긴다는 의미가 있다.

일본 관서지방에 속하는 오사카 지역의 초밥집들은 대부분 자(鮓)를 사용한다. 예를 들면, 번영 초밥(榮鮓, さかえずし) 또는 복희 초밥(福喜鮓, ふきずし)이라는 간판을 내걸고 영업하는데, 누른 초밥(押しずし, おしずし)의 생선살을 연상하면 한자 본래의 의미가 살아 있단 것이 흥미로운 점이다.

이러한 초밥의 유래는 명확하지 않다. 다만, 동남아시아 어느 산골짜기에 살던 민족이 사냥하여 민물생선의 저장할 방법을 생각하다 쌀과 같은 곡물로 밥을 지어 함께 두었더니 자연발효한 생선살조림을 초밥의 시작이라고 예상해 왔다. 이 조리법이 고대 중국에 전해져서 좁쌀, 쌀 같은 곡물을 뭉근히 끓여 소금에 절인 생선살(주로 잉어절임)을 곁들임에 따라 초밥이 시작되었다고 한다. 물론 지금의 우리가 먹고 있는 초밥과는 가깝지 않은 음식이었지만, 동남아시아에서는 아직도 이런 형태의 초밥이 그대로 남아 있고, 일본 오사카 부근 긴고우(近紅)의 붕어 초밥은 동남아시아 초밥 본래의 모습 그대로를 유지하고 있다.

양쪽 모두 발효에 사용한 밥은 버리고 생선살만 골라 먹는다. 긴고우 붕어 초밥은 대중적으로 먹을 수 있는 음식은 아니었다. 발효된 초밥이 우리가 생각하는 것보다 먹기에는 냄새가 꽤 거부감이 들기 때문이다.

중국으로부터 전파된 이후로는 급속도로 발전하여 11세기 송나라 때는 생선에만 얽매이지 아니하고 육류, 야채를 이용한 다양한 재료를 이용했다. 후에 지(鮨)와 자(鮓)는 바다를 건너 일본으로 유입되어 그 한자를 퍼트리며 큰 발전을 이루게 되었다.

하지만 우리나라에는 지(鮨)와 자(鮓)가 전해진 흔적을 찾아볼 수 없으니 이 또한 불가사의한 일이다. 근래에 들어 고고학의 발전으로 일본의 석기시대인 승문(繩文)시대 때 일본인의 선조들이 무엇을 먹었는지 많은 시간이 지난 지금도 사용한 재료까지 명확하게 알아낼 수 있지만 조리법은 아직까지 전혀 알려져 있지 않다. 벼는 학계에서 내린 정설보다 훨씬 더 이른 승문시대 유적에서 계속 발견되고 있지만, 초밥의 화석은 발견되지 않아 유추하기 어렵다.

초밥을 뜻하는 스시(すし)라는 말은 일본 고유의 말인 것처럼 보인다. 일본 고유어로 스시(スシ)라는 형용사는 시큼한 맛을 나타낸다. 여기에 한자 鮨는 음이 키(キ), 鮓는 시(シ)여서 지(鮨)와 자(鮓)를 합쳐 스시(スシ)라고 읽은 것이 초밥(스시, スシ)의 어원이 아닐까 짐작할 수 있다.

그러나 이러한 설에도 의문이 제기된다. 과연 초밥이 말 그대로 시큼한 맛인가라는 의문이다. 지금까지 전해진 붕어 초밥과 함께 시가현의 미와진자(三輪神社)에 전해지는 미꾸라지 초밥과 메기 초밥은 붕어 초밥보다 더 오래된 초밥의 형태를 띠고 있다. 이러한 초밥의 맛은 단순히 시큼한 맛이라 단정 짓기에는 강렬하고 복잡 미묘한 맛이다. 따라서 시큼한 맛이 초밥의 주된 특성인지 강렬하고 복잡한 맛도 초밥의 맛이라고 할 수 있는지 의문이 든다. 이러한 의문점을 비롯해 수십여 개의 의문점이 존재한다.

이러한 의문과 함께 지(鮨)와 자(鮓)는 초밥이라 일컬어지고 정착하여 드디어 문헌에도 등장하게 된다.

대화개신(大化改新) 73년째인 원정(元正) 천황 양로 2년(718년)에 만들어진 양로 율령 제10권에서 조세를 정한 부역령의 맨 처음 부분에 나타나며, 거기에는 鰒鮨二斗, 貽貝鮓三斗 雜鮨五斗라고 쓰여 있다. 조정에 세금 바친 여러 가지 현물 중 하나로 지와 자가 사용된 것이다. 여기서 주목할 점은 전복초밥(아와비스시, 鰒鮓, アウビスシ), 홍합초밥(이가이스시, 貽貝, イガイスシ), 잡어초밥(자쯔노스시, 雜鮨, ザツノスシ) 같은 초밥의 이름이 처음으로 등장했다는 사실이다. 특히 조개를 주재료로 사용한 것이 대부분인 것이 특징이다. 이후 지(鮨)와 자(鮓)는 문헌에 많이 등장한다. 나라(奈良)시대 평성궁(平城宮)터에서 출토된 목간(木簡)에도 다양한 초밥이 기재되어 있는 것으로 보아 이때 이미 초밥이 전성기를 이룬 것으로 추측된다. 특히 민물 생선은 중국과 달리 붕어와 잉어를 쓰지 않고 은어를 즐겨 사용했다. 그로 인해 각지의 특산으로 은어가 주로 등장하였으며 붕어, 메기, 미꾸라지 초밥은 앞에서 언급한 바와 같다. 해산물 중에서는 도미가 두드러지고 조개 종류가 많은데 많은 종류의 생선 중에 도미를 초밥 재료로 사용한 것은 도미의 감칠맛 때문이라고 유추하고 있다.

3) 초밥의 발달

초밥의 종류는 무궁무진한데 그 예시로 김초밥이나 유부초밥, 또는 생선이나 야채를 초밥에 넣고 김으로 만든 것 등 다양한 종류가 있으나, 역시 초밥은 생선초밥(니기리즈시, 握りずし, にぎりずし)이 제일이라고 볼 수 있다.

생선초밥은 어떤 생선을 사용했나에 따라 맛이 천차만별이다. 스시는 오늘날 우리들이 먹는 것과는 전혀 달랐다고 한다. 어패류를 전분 속에 담가 자연발효시켜 발생한 산으로 부패를 멈추게 한 보존저장법의 하나였다. 스시를 한자로 '鮨와 鮓'라고 쓰는데 젓갈이라는 뜻이다. 그리하여 스시는 초기에는 술안주나 반찬으로 생선만을 먹는 것이었다. 1700~1800년경 빠른 스시와 함께 개발되면서 상자초밥(하꼬스시, 箱すし, はこすし)이 고안되었다. 당시에는 切りすし(きりすし : 완성된 초밥을 칼로 잘랐기 때문)라고 했다. 이렇게 자른 스시를 대나무 잎으로 말고 상자에 가지런히 넣어 가볍게 눌러 놓기도 하였는데, 이것이 오늘날의 대나무잎말이초밥(사사마키스시, ささ卷きすし)의 본래 형태라 하겠다.

이 스시를 기초 관동지방 쪽에서는 에도마에 니기리스시(손으로 잡고 쥐어서 만든 초밥)가 생겨났으며 이때부터 우리가 흔히 먹는 와사비를 스시에 처음 사용하였다.

일본의 각 지방별로 다양한 모양의 스시가 발달되었는데, 관서지방의 상자초밥에서부터 유래되어 마키초밥과 관동지방의 니기리스시 등으로 발달되었다.

관서초밥은 관동초밥에 비해 단맛과 신맛이 강한 편인데 관동초밥이 싱거우면서 담백한 맛을 살린다면, 관서초밥은 꿀이나 숙성시킨 초 등을 써서 풍부한 맛을 낸다.

초밥은 관서지방의 교토나 오사카 지역에서 유행했다. 지금의 도쿄인 에도에서 초밥집이 독립해서 영업을 시작한 것은 1680년대였다. 처음엔 생선과 야채를 잘게 썰고 비벼먹는 비빔초밥(회덮밥)을 주로 팔았지만 18세기 후반에는 사사마키(さざ巻き)라 하여 네모지게 자른 초밥을 넓은 조릿대나무잎에 만 것이 특산물이 되었다.

요즘의 대표적인 생선초밥인 니기리즈시(握りずし)가 등장하게 된 것은 1810년경이다. 에도의 한 초밥집에서 하야즈시를 개량하여 와사비를 넣고 새우나 중치 전어를 재료로 이용하여 개발한 것이다.

그 자리에서 먹을 수 있는 즉석 초밥이란 특징이 있으며 와사비는 본래 해독제로 쓰인 것인데, 그 매콤한 맛과 톡 쏘는 느낌이 스시의 맛을 더욱 두드러지게 해주는 역할을 한다.

주로 초밥 한 개에 들어가는 밥알의 양은 생선의 무게와 밥의 무게가 비슷할 때 가장 좋은 맛을 낼 수가 있다. 또한 초밥을 쥘 때 손에 힘을 너무 주면 밥이 단단해져 입안에서 부드럽게 풀리지 않아 맛이 떨어진다. 손의 체온으로 인해 생선 재료의 신선도가 떨어질 수 있기 때문에 한두 번의 동작만으로 초밥을 쥘 수 있도록 한다.

밥의 보관법 또한 까다로운데 체온(36.5℃) 정도의 온도가 유지되는 밥통에 보관해야 따뜻한 밥과 생선이 잘 어우러져 맛있는 초밥이 된다.

만일 관리가 제대로 되지 않으면 생선의 비린 맛이 강해져 생선이 가지고 있는 맛을 제대로 느낄 수가 없다.

4) 초밥의 종류

(1) 쥔 초밥(니기리즈시, 握りずし, にぎりずし)

일반적으로 생선초밥을 일컫는다. 주먹초밥이라고도 한다. 초데리를 밥에 골고루 섞어 한입에 먹기 좋은 크기로 쥔다. 역시 한입에 먹기 적당한 정도의 저며 썬 생선에 적당량의 와사비를 바르고 앞에서 뭉쳐놓은 초밥밥과 함께 쥐어 먹는다.

(2) 상자초밥(하꼬즈시, 箱ずし, はこずし)

얇게 썬 각종 어패류 살을 상자 속에 채워 넣은 밥 위에 펴놓고 위에서 누른 초밥이다. 관서지방에서 발전하여 관동지방의 쥔 초밥이 널리 퍼지기 전까지만 해도 가장 일반적인 방법이었으나 지금은 찾아보기가 힘들다.

(3) 막대초밥(보우즈시, 朴ずし, ぼうずし)

상자초밥과 함께 관서초밥을 대표하는 초밥이다. 뱃살 뼈를 도려낸 생선재료를 소금에 절여두었다가 식초물에 담가 절여놓는다. 숙성된 재료를 김발 위에 놓고 초밥밥을 얹는다. 대발로 초밥밥과 재료를 단단히 쥐어 모양을 만들고 대발을 풀어서 먹기 좋게 잘라 완성시킨다. 초밥밥에 다시마를 첨가하고, 대발에 쥐는 등 다른 것에 비해 특이한 방법이 특징이다.

(4) 유부초밥(이나리즈시, 稻荷ずし, いなりずし)

유부초밥의 기원은 정확히 알려진 바는 없지만 19세기 중순에 제작된 '수정만고'의 기록을 참고하면 당시 에도지방(지금의 도쿄)에서 '유부의 한쪽을 잘라 봉지같이 만든 것 안에 잘게 썬 버섯과 박 등을 밥에 섞어 채워서 만든 유부초밥을 팔았다'는 기록이 있다. 유부초밥에 쓸 유부는 기름에 가볍게 튀긴 후 식힌다. 유부는 끓는 물에 넣어서 기름기를 완전히 빼고 흐르는 물에 씻어 물기를 짜낸 후 세모꼴로 자른다. 자른 유부를 다시마 맛국물을 부은 냄비에 간장과 청주와 미림을 넣은 양념에 잘 섞어 졸인다. 준비된 초밥밥에 검은깨, 당근, 오이를 가볍게 섞어 유부의 양쪽을 벌리고 적당히 채워 넣어 모양을 잡아준다.

(5) 말이초밥, 김초밥(마키즈시, 巻きずし, まきずし)

각종 초밥재료를 초밥밥 가운데 얹고 김으로 말아 보통 모양을 사각형으로 한 것이다. 김에는 글루탐산이라는 성분이 있는데 이 성분은 감칠맛을 낸다. 김의 맛 또한 초밥의 맛을 좌우하기에 품질 좋은 김을 사용해야 하며 가운데 들어가는 초밥재료는 대부분 달게 사용하기 때문에 초밥밥도 조금 달아야 한다. 말이초밥은 식은 상태에서 먹게 되므로 초밥밥에 설탕을 조금 많이 넣어 초밥밥이 딱딱해지지 않게 해줘야 맛을 제대로 느낄 수 있다.

말이초밥 또한 식재료와 김을 마는 방법 등에 따라 여러 종류로 구분할 수 있다. 그 예를 들면 후도마키(太巻き, ふとまき), 호소마키(細巻き, ほそまき), 데마키(手巻き, てまき) 등이 있다.

이외에도 초밥의 종류로는 비빔초밥(찌라시즈시, 散ずし, ちらしずし), 공초밥(테마리, 手毬, てまり), 모양초밥(사이쿠즈시, 細工ずし, さいくずし) 등이 있다.

5) 초밥을 맛있게 만드는 방법

초밥은 고슬고슬하게 지은 밥과 식초, 설탕, 소금이 알맞게 배합된 배합초의 화합으로 맛있게 된다. 밥은 평상시 먹는 것보단 약간 되게 짓는데 불린 쌀의 경우 물은 쌀의 1배, 묵은 쌀의 경우는 1.2배 정도가 적당하다.

(1) 초밥 쌀의 조건과 초밥

밥을 지었을 때 맛과 향, 탄력, 찰기가 적당히 있어야 한다. 쌀 보관의 최적온도는 12℃이며 통풍이 잘 되는 곳에 두면 여름에는 1개월, 겨울에는 2개월 정도 보관이 가능하다.

초밥을 짓기 1시간 전에 쌀을 미리 씻어 놓는다. 물의 양은 대체적으로 쌀의 용량에 1.2배, 무게에 대해서는 40% 정도를 넣으면 적당하다. 또한 맛있는 밥을 짓기 위해 찹쌀을 섞는다든가, 다시마를 넣는다든가 ミオラ(미오라)라는 첨가제를 넣기도 한다.

하지만 무엇보다 가장 중요한 것은 적당한 물의 조절이 초밥을 하는 데 있어 가장 중요한 핵심 포인트다. 초밥을 쥘 때 밥しゃり(샤리)의 온도는 또한 매우 중요한데 사람의 체온 36.5℃ 정도가 부드러우면서도 만들기 쉽고 밥맛도 제일 좋

은 최적의 온도이다. 최적의 온도 유지를 위해 초밥전용 밥통에 보관 후 사용한다.

밥을 지을 때는 밥물에 다시마를 같이 넣고 끓여 다시마의 감칠맛이 밥 전체에 고루 스며들게 한다. 처음에는 센 불에서 강하게 끓이다가 한 번 끓어오르면 중불로 낮추어 다시마를 건진 후 물이 자작해진다 싶으면 뜸을 들인다. 초밥의 맛을 결정하는 배합초는 식초, 설탕, 소금, 다시마 1쪽, 레몬즙을 약간 섞어 살짝 끓인 후에 뜨거운 밥 위에 전체적으로 골고루 뿌린 다음 나무주걱으로 재빨리 으깨듯이 섞어준 다음 빨리 식도록 부채질한다.

(2) 배합초 만들기

재료
식초 360cc, 소금 60g, 설탕 240g, 다시마, 레몬즙 약간

만드는 법
① 분량의 식초, 소금, 설탕을 냄비에 넣어 고루 섞은 다음 약한 불에 올린다.
② 천천히 저으면서 소금과 설탕이 완전히 녹으면 레몬즙을 첨가한다.

조리 포인트
① 밥의 온도가 너무 차가우면 입안에서 따로 놀고 너무 뜨거우면 쉽게 상하기 때문에 따뜻할 정도로 식혀서 초밥을 만들어야 촉감도 맛도 좋다.
② 쌀 한 되(작은 되) 지은 밥에 만들어둔 배합초를 약 180cc 섞는 것이 가장 이상적이다.
③ 밥에 배합초를 섞을 때는 밑바닥이 평평하고 넓은 나무그릇(飯切り, はんぎり, 항기리)을 사용해야 물기가 안 생기고 보관하기도 좋다.
④ 금방 지은 밥은 나무그릇에 담고 배합초를 투입해 나무주걱으로 뒤적이면서 부채로 식힌다.

(3) 초밥 만들기

재료
쌀 5컵, 다시마(10cm) 1조각, 미림 1큰술, 배합초 180cc

만드는 법

① 쌀은 30분 전에 미리 씻어 불린 다음 동량의 물을 붓고 미림, 다시마를 넣고 밥을 짓는다.

② 다시마는 건져서 약한 불에 뜸을 들인다.

③ 나무그릇에 옮겨 담아 배합초를 넣고 나무주걱으로 위·아래를 고루 섞는다.

④ 부채로 재빨리 식혀 초밥을 만든다.

(4) 초생강을 맛있게 만드는 방법

미리 껍질 벗긴 생강을 얇게 썬 후 끓는 물에 소금을 넣고 살짝 데쳐 낸 다음 다시마 국물, 식초, 설탕, 소금을 섞어 살짝 끓여 식힌 초물에 맛이 들 때까지 담가둔다.

6) 초밥의 풍미를 돋우어주는 부재료

초밥 만들 때는 생선살 외에도 소량이지만 와사비나 간장, 미림, 설탕, 소금 등의 조미료와 김 같은 부재료를 사용한다. 이러한 재료들을 어떻게 사용하느냐에 따라 초밥의 맛은 확연히 달라진다.

각 부재료의 종류로는 와사비(山葵, わさび), 간장(醬油, しょうゆ), 미림(味酬, みりん), 김(海苔, のり) 등이 있다.

7) 생선초밥 먹는 방법

세계 각 나라마다 문화적 환경이 다르듯이 이와 밀접한 관계를 지닌 식사 관습의 차이 또한 천차만별로 다르다. 나라마다 식사법과 예절이 있으며, 반드시 지켜야 할 예법 또한 존재한다. 다른 사람에게 불쾌함을 주지 않는 것이 양식의 기본 예절법이라면, 일식은 좌선의 정신이나 다례(茶禮)의 영향을 받은 마음의 식사법이 기본예절법이다.

생선초밥을 먹는 방법에는 두 가지가 있다.

하나는 손으로 먹는 법이고 하나는 젓가락으로 먹는 법이다.

초밥을 카운터에서 먹을 시에 손으로 먹는 것도 전혀 흉이 되지 않는 행동이지만 테이블에 앉아 먹을 때에는 반드시 젓가락을 이용해야 한다.

초밥을 먹을 때는 욕심내서 한꺼번에 여러 종류의 초밥을 먹으면 생선마다 특유의 맛을 느끼지 못하고 전부 같은 맛으로 느끼게 된다. 따라서 생선초밥 한 가지를 먹고 곁들여 나오는 초생강으로 입안을 개운하게 씻겨내어 각 생선의 독특한 맛을 음미할 수 있도록 한다.

(1) 손으로 먹는 법 A

고급 초밥집에 가면 '데후키'라고 하여 도마 옆에 정갈하게 접어놓은 물수건을 놓아준다. 손으로 초밥을 집어 먹을 때 밥알이 손에 달라붙지 않도록 손을 수시로 닦아가며 먹으라는 뜻이다.

① 초밥생선 위에 엄지손가락을 대고 초밥을 왼쪽으로 눕혀 엄지, 인지, 장지, 세 손가락을 이용하여 가볍게 잡는다.

② 초밥을 세로로 세워 생선 끝에 간장을 찍는다.

③ 초밥을 옆으로 해서 입에 넣는다. 옆으로 해서 넣는 이유는 입안에서 생선과 밥알이 골고루 섞여 제맛을 내기 때문이다.

(2) 손으로 먹는 법 B

① 초밥생선 끝에 오른손 둘째손가락을 대고 가볍게 집는다.

② 초밥을 세로로 세워 생선 끝에 간장을 조금 찍는다.

③ 생선이 밑으로 가게 하여 입에 넣는다.

(3) 젓가락으로 먹는 법

① 초밥을 왼쪽으로 눕혀 젓가락으로 집는다.

② 생선 쪽에만 간장을 찍는다. 밥에 간장을 찍으면 밥알이 간장을 흡수해서 짠맛과 함께 밥알이 흩어진다.

8) 생선초밥과 오차

초밥은 따뜻한 오차와 함께 스시를 먹어야 제맛을 만끽할 수 있다. 따라서 스시집 오차가 맛있거나 단맛이 나는 차는 잘 어울리지 않고 떫은맛이 나는 센차류나 향기가 나는 호우지차, 반차 등이 초밥과 어울린다.

초밥을 먹을 때 오차는 뜨거운 것이 좋으며 90℃ 정도에서 맛이 나는 센차나 향기가 나는 물로 만드는 호우지차, 반차 등이 더 적합하다.

뜨거운 오차를 마심으로써 입안에 남아 있는 생선 기름기와 냄새를 제거해 주고 다른 생선을 먹을 때 새로운 맛을 느끼게 해주는 역할이다.

초밥집의 오차 잔들은 대부분 두껍고 크기가 꽤 큰데 그 이유는 오차가 빨리 식지 않기 위함이다. 만약 잔이 얇고 작으면 뜨거워서 잡을 수도 없고 빨리 식기 때문에 오차를 음미하기에 부적합하다. 오차에는 玉露茶(교꾸로차), 煎茶(센차), 抹茶(맛차), 番次(반차) 등이 있다.

9) 초밥집의 속어

다음은 초밥코너에서 자주 사용되는 전문용어이다.

(1) 가리(ガリ) : 초생강을 말한다.

(2) 아나큐마키(あなきゅうまき) : 바닷장어와 오이를 곁들여 얇게 만 김초밥을 말한다.

(3) 오도리(オドリ) : 살아 있는 차새우를 껍질과 내장을 제거하여 사용하는 것을 말하며, 머리와 꼬리 끝을 뜨거운 물에 데쳐서 초밥으로 만들어 놓으면 그 모습이 마치 춤추는 새우를 연상시킨다고 해서 오도리라 부른다.

(4) 아가리(アガリ) : 오차 또는 오차를 담는 자기로 만든 잔을 말하며, 보통은 식사가 끝났음을 알리는 용어로 사용된다.

(5) 교쿠(ギョク) : 달걀말이를 말한다. 다마고(玉子)의 옥(玉)자를 음독으로 읽을 때 나는 발음으로써 다마고마키(玉子巻き)의 약어로 교쿠라고 한 데서 유래되었다.

(6) 사비(サビ) : 고추냉이, 와사비의 준말이다.

(7) 샤리(シャリ) : 초밥요리에 사용하기 위하여 초밥초에 비벼놓은 밥을 말하며, 불교에서 말하는 사리(舍利)의 발음에서 유래된 것인데 그만큼 초밥밥이 사리와 같이 소중하다는 의미를 내포하고 있다.

(8) 도로(トロ) : 참치의 뱃살부분을 말하며, 다랑어의 부위 중에서 지방의 교잡도가 높은 부위이며 보통은 배부분의 살을 지칭하며, 지방의 양 정도에 따라 오토로(大トロ), 주토로(中トロ), 세토로(セトロ)로 구분된다.

(9) 나마(ナマ) : 날것(생것)으로 사용되는 초밥의 모든 재료를 뜻한다.

(10) 나미다(ナミダ) : 와사비, 고추냉이를 말한다. 먹었을 때 매운 성분 때문에 눈물이 난다고 해서 붙여진 이름이다.

(11) 니기리(煮ギリ) : 졸여서 만든 양념간장으로 초밥을 찍어 먹거나 발라주는 용도로 사용하는 간장을 말한다.

(12) 다치(立ち) : 초밥 카운터, 초밥다이, 스시다이를 말하며, 초밥요리사가 서서 초밥을 만든다고 해서 유래된 말이다.

(13) 다마(玉) : 피조개를 말한다. 피조개의 살이 둥그런 구슬모양을 하고 있다고 해서 붙여진 이름이다.

(14) 다네(タネ) : 초밥에 사용되는 주재료를 말한다. 수조육류 및 채소류 등도 해당된다. 거꾸로 발음하여 네타(ホタ)라고도 한다.

(15) 즈케(ズケ) : 참치의 붉은살을 말한다. 예전에는 참치를 보관할 때 간장에 절여서 사용하였는데, 이에 빗대어 불리는 이름이다.

(16) 뎃카마키(鐵火卷き) : 참치의 붉은살을 넣고 가늘게 만 김초밥을 말하며, 도박장에서 간단한 식사로 이용된 데서 유래된다. 약어로서 뎃까(てっか)라고도 한다.

(17) 뎃포(テッポウ) : 김초밥, 김밥의 모양이 철포(鐵砲)와 같다고 해서 생긴 이름이다.

(18) 도로(トロ) : 참치의 뱃살부분을 말하며, 다랑어의 부위 중에서 지방의 교잡도가 높은 부위이며 보통은 배부분의 살을 지칭하며, 지방의 양 정도에 따라 오토로(大トロ), 주토로(中トロ), 세토로(セトロ)로 구분된다.

(19) 니모노(煮物) : 삶아서 익힌 재료를 사용해서 만든 초밥을 말하며, 붕장어, 대합 등의 재료를 익혀서 만든 초밥요리를 지칭한다.

(20) 히카리 모노(光り物) : 등이 푸른빛을 띠는 생선을 말한다. 예를 들면 고등어, 전어 등이 있다.

(21) 무라사키(ムラサキ) : 간장을 말한다.

3 국물요리(汁物, しるもの)

1) 국물요리의 개요

맑은국은 요리를 한층 돋보이게 하고 입맛을 돋워주는 역할을 하므로 일본요리 메뉴에서 절대 빠질 수 없는 요리이다. 국물요리는 향기와 계절감이 풍부한 내용물의 미적 즐거움을 손님에게 제공해야 한다.

크게 맑은국(澄汁, すましじる)과 둔탁한 국(獨り汁, にごりじる)으로 분류된다.

2) 기본 다시국물 만드는 재료

맑은국(吸物, すいもの), 조림요리(煮物, にもの), 반찬(總菜, そうざい) 등 만드는 요리에 따라 국물을 빼는 방법과 요리가 다르다. 맑은 국물용의 다시국물은 세심한 신경을 써서 만들어야 하며, 약간의 부주의나 재료의 선택방법에 따라서 같은 조리법으로 만들었어도 전에 만들었던 것과 같은 맛을 낼 수가 없다. 최상의 품질의 가다랑어(가쓰오부시)와 다시마가 필요하며 좋은 재료를 사용하더라도 국물을 빼는 방법에 따라 전혀 다른 맛의 결과가 생길 수 있다.

요리를 서빙하기 직전에 국물을 내어 만드는 것이 가장 이상적이며 완성 후 많은 시간을 지체했을 경우 국물의 맛과 향이 떨어진다.

(1) 가다랑어가루(かつおぶし)

가다랑어를 잘 다듬어서 높은 열로 쪄서 음지에서 수분이 완전히 없어질 때까지 건조시켜 대패밥처럼 얇게 썬 것을 말한다.

일본요리에서 가장 중요한 것은 얼마나 품질이 좋은 가다랑어를 사용하느냐에 달렸다. 가다랑어 중에서도 등속 부분의 지아이 부위가 기름기가 적고 제일 좋은 부분이라고 말하며, 이 부분에서 따로 빼서 가다랑어를 사용하여 뺀 국물을 일번다시라 한다. 또한, 가다랑어는 반휘발성 식품이기 때문에 깎은 후 최대한 빨리 조리해야 한다.

① 가쓰오부시 선별법 및 보존법
- 표면에 곰팡이의 색이 엷고 잘 건조되어 있으며 서로 두드려보았을 때 짤그

랑거리는 맑은 소리가 나는 것을 선택한다. 밀폐된 용기에 넣어서 건조한 장소에서 보존해야 하고, 굳이 대량으로 구입할 필요는 없다.

- 가쓰오부시는 원산에 따라서도 분류될 수 있는데 참다랑어포의 대표적인 것으로는 '도사부시', '사쯔마부시', '이즈부시' 등이 있다.

(2) 다시마(昆布, こんぶ)

일본에서의 주산지는 홋카이도이고 다양한 종류가 있으며 우선적으로 두껍고 하얀 염분이 밖에 많이 노출되어 있는 것이 좋은 것이라 할 수 있다.

① 다시마의 선택방법과 보존법
- 자연적인 물엿색을 하고 있으며 표면에 흰 분말인 감칠맛 성분의 만닛또가 묻어 있다. 완전히 말려진 것이 좋으며 통풍이 잘 되고 습기가 적은 곳에서 보관한다. 여기서 주의할 점은 다시마의 표면에 묻은 만닛또는 절대로 씻어서는 안 된다.
- 품종에 따라 '참다시마', '리시리다시마', '산세끼다시마' 등이 있다.

(3) 쪄서 말린 잔물고기(煮干, にぼし)

어패류를 한 번 끓이고 건조시킨 것은 전부 '니보시'라 일컫는다. 보통 맛국물 멸치를 지칭하기도 하며, 특히 소재의 풍미를 더해 주기 위해 반찬, 부식물, 나물 등의 요리와 된장국(미소시루)의 맛국물과 잘 어울린다.

반찬용 다시를 만들 때 가장 중요한 것은 멸치이다. 멸치는 정어리 새끼를 찐 다음 말린 것으로 기름기가 배지 않고 등이 푸르며 잘 말려진 것으로 골라야 한다.

3) 다시국물 만드는 방법

일본요리의 맛국물은 단시간에 최대한 많은 감칠맛이나 향기가 나오면 다음은 남아 있는 맛이나 냄새, 떫은맛이 나오기 전에 마무리하는 것이 특징이다. 그것은 재료가 되는 다시마나 가다랑어포, 니보시 등이 사용하기 전에 충분한 시간과 정성을 들여 건조 가공되어 그 속에는 감칠맛이 응축되어 있기 때문이다. 맛국물을 조리하는 방법과 중요한 사실은 소재의 특징을 살리는 요령을 기억하는 것이다.

(1) 일번다시(一番だし, いばんだし)

최고의 감칠맛이 향기를 지니고 있는 것으로서, 맑은국이나 찜요리의 맛국물에 사용된다.

(2) 이번다시(二番だし, にばんだし)

이번다시는 된장국, 조림요리 등에 많이 사용할 수 있다. 사용하는 방법으로는 2가지 방법이 있는데 첫 번째로는 일번다시를 뺀 재료에서 가쓰오부시, 다시마를 재사용하는 방법과 바로 일번다시 재료를 사용하는 방법이 있으나, 양쪽 다약한 불에 오랜 시간이 걸리더라도 진하게 빼는 방법이다.

(3) 멸치다시(煮干だし, にぼしだし)

멸치다시를 만들 때는 완전히 건조시킨 멸치를 재료로 사용한다.

잘 우려낸 멸치맛국물은 진한 감칠맛을 지니고 야채 등의 끓임요리나 사골된장을 사용한 된장국의 맛국물로서 최적이다.

(4) 다시마다시(昆布だし, こんぶだし)

재료
물 2,000cc, 다시마 60g

만드는 방법
① 다시마를 젖은 행주로 깨끗이 닦는다.
② 준비한 양의 물과 닦은 다시마를 불에 올려 은근히 끓인다.
③ 어느 정도 끓으면 불을 끄고 다시마를 건져서 다시로 이용한다.

4) 맑은 국물의 구성

(1) 다시

맑은국의 기본이 되는 국물이다. 다시는 다시마와 가쓰오부시로 뽑은 일번다시를 대체적으로 사용하며 간단하게 소금과 간장으로 간한다.

(2) 완다네(椀種, わんだね)

주재료로서 맛을 결정짓는 역할이다. 그래서 사용되는 재료로는 담백한 맛과 그리 딱딱하지 않게 해서 깔끔한 맛이 나도록 한다. 어패류, 수조육로, 야채, 건어물 등을 적당히 끓이든지, 굽든지, 찜하든지, 삶는 등의 사전처리를 한다.

완다네에 사용하는 재료는 어패류 쪽에는 도미, 옥돔, 광어, 삼치 등이 있고 이외에도 닭고기, 오리, 자라, 돼지고기, 계란, 메추리알, 두부, 두유 등이 될 수 있다.

(3) 완쯔마(椀妻, わんつま)

주재료와 어울려야 하는 부재료로서 대체로 야채류가 많이 사용된다. 야채, 버섯, 해초 등은 주재료와 색의 조화도 조화로워야 한다.

완쯔마의 재료는 야채류와 해조류로 미쓰바, 무순, 쑥갓, 당근, 우엉, 땅두릅, 죽순, 은행, 송이버섯, 작은 송이, 생표고버섯, 순채, 미역, 팽이버섯 등을 사용한다.

(4) 스이꾸치(吸口, すいくち)

마시는 것에 띄워서 향미를 더해 주는 것이다. 주로 계절에 많이 나는 재료를 사용하여 계절감 및 상큼한 맛, 아름다움을 모두 가질 수 있는 재료이면 된다.

유자, 산초나무순, 차조기, 생강, 고추냉이, 겨자, 레몬, 분말산초, 양념고춧가루, 후추, 해태, 파, 기노메 등을 사용한다.

5) 간 잘 맞추는 방법(味つけ)

국물을 마시면 조금 아쉬울 정도의 싱거운 것이 일반적이다. 이렇게 하면 다음 요리를 원하게 되고 식욕을 높여주는 가장 중요한 역할을 한다고 하겠다.

6) 맑은국 먹는 방법

국그릇은 나무로 되어 있으므로 왼손에 들고 먹는다. 국을 먹을 때에는 숟가락을 사용하지 않는다. 국을 마실 때에는 젓가락으로 내용물을 누르면서 그릇을 입에 대고 마신다. 향기나 열을 보존하기 위해서 국그릇은 뚜껑을 덮어서 나오는 경우가 많다. 이 뚜껑을 열 때는 왼손으로 그릇의 테두리를 가볍게 잡고 오른손으로 뚜껑을 잡은 후 본인의 앞쪽에서 반대쪽으로 조용히 여는데, 가장자리를 따라서 'の'자를 쓰는 것과 같이 정가로가 될 때까지 뒤집어 반상의 우측 위에 둔다. 만일 뚜껑을 열 때 수증기가 가득 차서 잘 열리지 않는다면 뚜껑을 살짝 눌렀다가 돌려서 열면 쉽게 열린다.

7) 장식하는 방법(盛りつけ)

주재료를 완에 담고 부재료가 되는 야채와 뜨겁게 한 맑은 국물을 붓고 향이 나는 재료를 첨가해 낸다. 속에 들어가는 재료는 가지런히 한데 모아 놓는다.

담는 분량은 6~7할(부식물일 경우는 7할, 회석요리일 경우에는 6할) 정도로 담아낸다.

맑은국은 완에 담는데, 완은 나무로 만든 공기로 대개 옻칠을 하였으며 뚜껑이 있다. 완은 장식보다는 들기 편하고 입에 닿는 느낌이 편한 것으로 선택한다. 식사가 끝난 후 뚜껑은 제자리 다시 올려 놓는다.

8) 맑은 국물요리(澄汁, すましじる)의 종류

맑은 국물의 종류에는 맑은국(澄汁, すましじる), 자신의 국물을 이용한 국물(潮汁, うしおじる), 전분을 이용한 국물(吉野汁, よしのじる)로 나뉜다.

맑은 국물요리는 세심한 맛이 요구되므로 팔팔 끓이지 않고 은근하게 끓여 고운체나 행주에 걸러내어 사용한다. 여기에 곁들이는 야채류는 색의 조화를 이룰수 있게 해야 하며 생강즙, 유자, 산초잎도 준비해야 한다. 주재료는 사전에 손질하여 국보다 진하지 않은 밑간을 한다. 국물의 맛은 싱거운데 싱거워서 맛을 못느낄 정도가 되어야 한다. 맑은국은 각 재료를 담아 뚜껑을 닫아 내놓는다.

맑은 국물요리의 종류로는 일반적인 '스마시지루(澄汁, すましじる)', '우시오지루(潮汁, うしおじる)', '요시노지루(吉野汁, よしのじる)'가 있다.

9) 탁한 국물요리(獨リ汁, にごりじる)의 종류

탁한 국물은 된장국(味噌汁, みそしる), 강판에 재료를 갈아서 즙을 내는 것(擂流, すりながし), 술지게미를 이용하는 것(粕汁, かすじる)으로 나뉜다. 된장국을 만들 때, 겨울에는 흰 된장, 여름에는 붉은 된장을 쓰며 주로 봄과 가을에는 흰 된장을 섞어서 쓴다.

된장국은 국물에 부재료로 몇 가지의 것을 첨가할 수 있다. 또한 깨끗한 된장국을 만들려면 국물과 내용물은 별개로 만들어놓는 것이 일반적이며 너무 오래 끓이면 향기가 날아가 버린다.

(1) 된장국(味噌汁, みそしる)

된장국은 된장의 풍미와 매끈함을 매우 중요시한다.

일반적으로 매운맛의 산뜻한 붉은 된장(赤味噌, あかみそ)과 감칠맛과 순한 맛의 흰 된장(白味噌, しろみそ)으로 분류되며, 계절이나 재료에 의해 사용 분리 되며 적당히 혼합해서 사용할 때도 있다. 양자 모두 결정이 굵은 쪽이 풍미가 우 수하다.

이외에도 탁한 국물로 술지게미 된장국, 산마즙과 국물, 아구된장국, 잉어된 장국 등이 있다.

4 구이요리(燒物, やきもの)

1) 구이요리의 개요

구이요리는 乾熱(건열)로 요리의 재료를 처리하는 것이다. 구이요리는 재료 자체의 본연의 맛을 느낄 수 있는 요리이다. 구이요리에는 직접구이와 간접구이 두 가지의 종류가 있다. 그중 구이요리에서 가장 중요한 것은 조리방법으로 굽기 정도 및 보기에도 식욕을 자극할 수 있어야 한다. 또한 재료 밑손질, 자르는 방법 등의 간단한 것에 의해서 요리의 맛과 질에서 큰 차이가 난다.

2) 구이요리의 열원과 기구

(1) 열원

① 숯불(炭火, すみび)

비장탄은 방사열이 강하고, 화력에 손실이 없고 화력의 지속력이 좋으므로 구 이요리에 최적인 화력조절이 될 수 있다.

② 가스불

손쉽고 편하여 일반적이다. 부분적으로 열이 올라옴으로써 석쇠 등을 사용하 여 화력을 조절하면 좋다.

③ 오븐

가스 또는 전기를 사용하여, 전체적으로 가열되므로 범위가 넓다.

(2) 기구

① 그물

가스불에 석면이나 금속판이 붙어 있는 것

② 쇠꼬챙이

깨끗하게 마무리 짓기 위해서는 최적인 기구로 일본요리에 사용되는 쇠꼬챙이의 종류로는 금속제와 죽제가 있으며, 보통 죽제는 장식용으로 많이 사용되며 금속제는 구이요리에 많이 사용된다.

3) 구이요리의 불의 조정과 굽는 방법

(1) 불의 조정(火加減, ひかげん)

일반적으로 구이요리는 '센 불에 멀리' 해서 굽는데, 어패류는 거의 센 불로 단시간에 굽는다.

그러나 소스류에 절인 것은 금방 타기 때문에 불에서 약간 떨어져서 천천히 굽는 것이 좋다. 또 도미의 통마리 구이와 화장소금(化粧塩, けしょうじお)을 한 것은 맛있게 굽기 위하여 불을 좀 약하게 해서 굽는 것이 좋다. 반대로 새우와 조개 종류는 센 불로 단시간에 굽는 것이 관건이다. 민물생선은 천천히 시간을 두고 굽는 것이 가장 좋다.

(2) 굽는 방법(燒方, やきかた)

용기에 장식했을 때 앞부분 쪽은 6할 정도 굽고 다음에 뒷부분 쪽은 4할 굽는다. 쇠그물과 철판은 열을 잘 가한 뒤 굽고 방법과 조절은 재료의 성질에 따라 대처한다.

① 생선은 유연한 자세로 굽도록 한다.

구울 때는 유연한 자세로 앞면이 되는 쪽을 잘 구우면 한 번만 반대쪽 부분을 돌려 구워도 좋다. 그렇게 하여 구우면 살이 부스러지지 않아 깨끗하고 보기 좋게 구워진다.

② 재료에 의한 화력조절

ⓐ 흰살 생선 : 수분과 지방이 적어서 화력이 닿는 것이 좋으나 너무 구우면 감칠맛이 떨어지므로 주의해야 한다. 90% 정도 익히는 것이 좋다.

ⓑ 등이 푸른 생선 : 비린내가 강하므로 속까지 완전히 익혀야 한다.

ⓒ 민물생선 : 민물생선은 특유의 비린내를 향기롭고 구수하게 만들기 위해서 120% 정도 익힌다는 마음으로 굽는다.

은어 이외의 생선은 중불에서 멀리 굽는다. 중불에 굽듯이 화력조절은 천천히 한다는 마음가짐으로 시간을 가지고 굽는다.

민물생선의 비늘은 비교적 먹기 쉽기 때문에 대체로 제거하지 않고 구워서 그 풍미를 즐긴다.

4) 구이요리의 간 맞추기, 담는 방법, 곁들임

(1) 간 맞추기(味つけ)

구이요리는 메뉴 중에서도 큰 부분을 차지하고 있으며 식사 반찬으로 할 때에는 간장 양념구이처럼 간을 강하게 하며, 술안주로 할 때에는 담백하고 산뜻하게 하는 것이 좋다.

(2) 담는 방법(盛りつけ)

생선을 통구이했을 때는 머리 부분을 왼편, 배 부분은 자기 앞쪽으로, 지느러미를 조금 오른편 위로 올리면 생동감 있게 느낄 수 있는 특징이 있다. 자른 생선은 일반적으로 껍질 부분을 위로 하여 장식한다. 통째로 구운 것은 사각 접시에, 살만 구운 것은 둥근 접시에 담는 것이 기본이다.

(3) 곁들임(あしらい)

구이요리를 접시에 담았을 때 곁들임 요리가 없으면 접시가 허전해 보이고 미적으로 어울려 보이지 않는다. 각각의 구이요리에 맞는 곁들임 요리를 첨가하면 그 요리를 더욱 돋보이게 할 수 있다.

담을 때는 색의 조화에 유의하며 어느 정도 수분 있는 것으로 준비하여 맛의 변화를 주는 것이 중요하다.

5) 꼬챙이 꿰는 방법 및 종류와 주의사항

어패류를 직접 불에서 구이할 경우는 쇠꼬챙이를 꿰어서 구우면 표면이 바르고 보기 좋게 마무리된다. 석쇠로 구우면 그물의 그물코가 생선의 표면에 생기고 생선살이 석쇠에 달라붙어 부스러지기 쉽다. 꼬챙이를 꿰는 방법은 재료의 종류와 크기, 요리법 등에 따라 다르다.

(1) 꼬챙이 꿸 때의 주의사항

① 꼬챙이를 꿸 때 일반적으로 용기에 장식했을 때 표면이 되는 부분에는 꼬챙이가 튀어나오지 않도록 주의한다.

② 꼬챙이를 뺄 때 생선을 굽고 있는 중 2~3회 꼬챙이를 돌려서 움직여줘야 손쉽게 빠지며, 완전히 구워지면 곧바로 요리용 도마 위에 놓고 뜨거울 때 뺀다. 식을 때 빼면 생선의 살이 단단히 붙어서 빼기 힘들다.

(2) 꿰는 방법의 종류

크게 나누어서 살의 흐름을 따라서 꿰는 방법을 세로꼬챙이꿰기(다떼꾸시)라 일컫고, 직각으로 꿰는 것을 가로꼬챙이꿰기(요꼬꾸시)라고 일컬으며, 특히 토막일 경우에는 다떼꾸시로 꿰면 굽고 있는 동안 생선살이 떨어지기 쉽기 때문에 절대 요꼬꾸시를 하도록 한다.

이외에도 파도꿰기, 히라꾸시(평꼬챙이 꿰기) 등 꿰는 방법에도 여러 종류가 있다.

6) 구이요리의 종류

(1) 직접구이

불을 직접 재료에 닿아서 굽는 형식으로 일반적인 굽는 방식이다.

① 그냥구이(素燒, すやき)

아무것도 바르지 않고 그냥 불에서 열로 굽는 방법이다. 조림요리 또는 생선을 구운 다음 양념을 바를 때 사전처리하는 방법이다. 민물장어, 붕장어, 갯장어 등 주로 민물생선에 적합하다.

② 소금구이(塩燒, しおやき)

생선이 갖고 있는 특이한 맛을 살리는 조리법이다. 재료에 소금을 뿌려서 굽는 방법이다.

신선한 재료를 준비하는 것이 가장 중요하다. 통째로 굽는 요리를 하는 것이 많으며 직접구이의 기본이 된다. 대부분의 재료를 사용한다.

③ 양념간장구이(照燒, てりやき)

양념간장구이는 이름 그대로 생선에 양념간장을 구우면서 바르는 것을 말하며 맛은 꽤 진하며 어느 정도 오랫동안 보존이 가능하여 외출용 도시락에 어울린다. 갯장어, 방어, 참치 등 지방이 많고 살이 두꺼운 생선, 닭고기 등이 적합하다.

④ 된장구이(味噌漬燒, みそづけやき)

간단히 말해 된장에 생선이나 육류를 넣어 된장 맛을 곁들인 다음 굽는 요리로서 독특한 맛이 특징이다. 옥도미, 삼치, 병어 등의 흰살 생선에 적당하다.

⑤ 유안야끼(幽庵燒, ゆあんやき)

혼합한 간장에 유자, 초귤 등을 넣은 속에 재료를 담가서 굽는다. 향기가 좋고, 고급요리이다. 담백한 흰살 생선에 적합하다.

이외에도 성게구이(雲丹燒, うにやき), 산초구이(山椒燒, さんしょうやき), 황금구이(黃身燒, きみやき) 등이 있다.

(2) 간접구이

간접구이는 프라이팬, 알루미늄 등의 도구를 사용하여 직접적으로 불에 닿지 않고 별도의 도구를 통하여 굽는 방법이다. 직접구이처럼 간단하지는 않지만 색다른 맛을 낼 수가 있다. 조개류의 구이요리, 쿠킹호일로 재료를 싸서 굽는 요리(包燒, つつみやき), 질그릇을 이용한 요리(炮(烙燒, ほうろくやき) 등이 있다.

5 찜요리(蒸物, むしもの)

1) 찜요리의 개요

찜요리(蒸物, むしもの)는 증기를 이용하여 재료에 열을 가해서 익히는 조리법으로 이 조작은 열이 구석구석까지 미치고 감칠맛도 달아나지 않아서 보기에도 좋고 부드럽게 마무리되는 장점도 있다.

태울 일이 없으며, 찜통에 불을 붙여 증기를 올린 후 재료를 첨가해 요리를 한다. 물은 찜통의 7할 정도에서 시작해서 넓은 찜통으로 사용하는 것이 좋다.

종류는 조리하여 찜하는 경우와 조리과정의 하나로 찌는 경우로 구별된다.

계란류는 약한 불에서, 생선류는 센 불에서 찌며 주재료에 따라 약간의 차이는 있지만 20~30분이면 완성된다.

2) 찜요리의 특징

찜요리는 다른 요리에 비해 식어도 딱딱하게 변하지 않는 특징이 있는데, 이러한 이유는 증기로 찌게 되므로 재료가 가진 수분이 손실되지 않기 때문이다.

식재료의 변화나 충격을 주는 경우가 비교적 적으므로 요리를 보기 좋게 완성하는 것이 가능하다는 이점이 있지만 다른 조리법으로 대체가 불가능하다는 단점도 있다.

찜의 경우 압력을 이용하는 것도 가능하기 때문에 재료를 짧은 시간에 부드럽게 만들 수 있으며, 대량의 음식을 조리할 경우 조리과정의 단계에서 자주 활용되고 있다. 또한 살균의 방법으로도 이용되어 통조림이나 병조림의 제조가공식품에 있어 필수 조리법이다.

3) 찜통의 종류 및 특징

바닥이 넓고 높이가 낮은 것이 좋으며 나무찜통과 금속성으로 된 것이 있으나 업소용으로는 스테인리스나 알루미늄으로 된 것을 주로 이용한다.

계속 열을 가해서 증기가 올라올 때 재료를 넣어야 하며, 여분의 수분을 흡수하게 하기 위해 요리용 행주를 덮는 것도 하나의 방법이다.

찜통을 사용할 때 주의할 점은 반드시 재료를 증기가 충분히 올라올 때 넣어야 한다는 것이다. 증기가 올라오지 않은 상태로 찜통 속에 재료를 넣으면 재료에 의해 변색되거나 비린내가 날 수 있기 때문에 주의하여 지켜봐야 한다. 뚜껑을 덮을 때는 마른 요리용 수건을 끼워서 넣으면 여분의 수분을 흡수하고 수분이 떨어지는 것을 방지한다.

4) 찜요리의 재료 및 조절방법

찜이란 재료의 형태, 맛, 향기를 지키는데 가장 적당한 가열법이지만, 그 반면 양갯물을 제거하거나 비린내 등을 제거하는 것은 불가능하다. 따라서 최대한 냄새가 없고 수분이 적고, 신선도가 좋은 재료를 선택한다.

(1) 찜요리의 재료

이 요리법의 소재의 중심은 역시 어패류이며, 그 주가 되는 재료는 돔, 옥돔, 대합 등이다. 또 육류는 닭, 야채는 감자, 밤, 송이버섯 등 계절적이고 제철의 것이 좋다. 추가적으로 계란도 있다.

(2) 찜의 조절방법

재료를 장시간 찜해서 섬유질을 없애고 부드럽게 해서 단번에 찌는 재료, 형태가 흐트러지지 않고 맛이 스며들도록 하기 위하여 찜을 하는 요리 등과 같이 그 찜의 조절방법에는 여러 가지가 있다.

흰살 생선은 수분과 지방이 적고 심하게 열을 가해 익히면 살이 퍼석하게 되어버린다. 익힘 정도는 90~95% 정도가 제일 적당하다.

또한, 등이 푸른 생선은 지방이 많고 특유의 냄새가 있어 될 수 있는 한 제거하기 위하여 100% 또는 그 이상으로 열을 가해야 한다.

민물생선 또한 등이 푸른 생선과 동일한 정도로 가열해 줘야 하며 어패류는 흰살 생선과 동일한 익힘 정도로 익혀둔다.

야채류는 씹는 식감을 중요시하므로 익을까 말까 한 정도가 적당하다.

5) 찜요리할 때 주의사항

찜요리는 재료와 목적에 따라 찜통의 양과 시간 및 재료의 배치 등을 고려하지 않으면 안 된다.

(1) 찜요리 시 숙지사항

고온에 조리하면 재료에 작은 구멍이 생겨, 또한 시간이 충분하지 않으면 중앙에 응고되지 않은 부분이 생기기도 한다. 이러한 것들은 경험을 통해서는 알 수 없으며 상태를 알 수 있는 방법을 정확히 숙지할 필요가 있다.

① 찜통 물의 양은 재료에 대해 적당량이어야 한다.
② 재료의 크기를 균등하게 해야 한다.
③ 계란요리에는 뚜껑을 살짝 열고, 약간 저온의 불에서 조리한다.
④ 찜요리 도중에 물을 보충할 때에는 꼭 뜨거운 물로 보충해 넣는다.
⑤ 냄새가 날 수 있는 재료나 단단한 재료는 뚜껑을 닫고, 센 불에서 조리한다.
⑥ 물방울이 떨어지는 것을 방지하기 위해서는 뚜껑에 마른 거즈로 감싼다.

(2) 불 조절

찜요리 중에서 약한 불로 찌는 요리는 계란두부, 계란찜 등이 있다. 이때는 뚜껑을 조금 열어 놓고 중간 정도의 온도로 찌는 것이 가장 이상적이다. 계란물은 80℃ 이상이 되면 거품이 일어나기 때문에 약한 불로 하고 찜통의 뚜껑을 센 불로 찌는 것은 빨간밥, 만두류 등이 있다.

이때, 뚜껑을 꼭 덮고 찌는 것을 잊지 말아야 한다.

① 스다찌(すだち)

계란을 사용한 재료를 찜할 때 센 불에서 찜을 하면 구멍 투성이의 재료가 된다. 이러한 현상은 일본요리 용어로 스다찌라고 부른다. 이와 같은 경우를 방지하기 위하여 약한 불에서 뚜껑을 조금 열고 증기가 적당히 날아가게 하고 천천히 열을 가한 것이 이상적인 방법이다.

② 계란두부를 찜할 때의 요령

찜통은 금속성이므로 열 흡수율이 좋기 때문에 불 조절에 주의해도 찜통에 가까운 쪽의 계란두부의 재료에는 스다찌가 발생하기 쉽다. 이것을 방지하기 위해서 나가시깡의 바닥에 대나무젓가락을 깔든지 깡의 옆면에는 물에 적신 두꺼운 종이로 말아서 금속에는 직접적으로 열이 닿지 않도록 한다.

6) 찜요리의 분류

(1) 조미료에 의한 분류

① 술찜(酒蒸し, さかむし)

재료에 간을 하고서 다량의 술을 붓고 찜을 한 요리이며 주로 전복, 대합, 닭을 이용하다. 재료 본래의 맛을 잘 살리기 위해 신선도가 좋은 것을 선택해서 술과 소금만으로 조미하므로 그 조절에 주의해야 한다. 속까지 깊게 익기 쉽도록 칼집을 내주기도 한다.

② 된장찜(味噌蒸し, みそむし)

재료에 으깬 된장 등을 넣고 섞어서 찜을 한 요리이다. 주로 흰살 생선을 이용하여 만들며 된장이 비린 냄새를 제거하고 맛과 향을 더해줘 풍미가 달아나지 않도록 신속히 찐다.

이외에도 술찜과 비슷한 소금찜(塩蒸し, しおむし)도 있다.

(2) 재료에 의한 분류

① 무청찜(蕪蒸し, かぶらむし)

강판에 간 무청을 재료에 듬뿍 더해서 찜을 한 요리이다. 주로 흰살 생선, 돔, 옥돔, 넙치, 뱀장어 등을 이용하며 풍미가 날아가지 않도록 재빨리 찐다. 생선은 시모후리 또는 그냥 구이해 놓은 것을 사용한다.

② 신주찜(しんしゆむし)

메밀을 재료 속에 넣거나, 표면에 감싸거나 하여 찜을 한 요리이다. 흰살 생선, 옥돔 등을 이용한다.

③ 상용찜(ちょうむし)

강판에 간 산마를 곁들여서 찜하든지 일단 찜을 하여 체에 거른 산마를 재료에 감싸서 찜을 한 요리이다. 산마는 아꾸도메하고 찜통에서 찜했을 경우 퍼석퍼석하게 되지 않게 70~80% 정도로 익힌다.

이외에도 계란노른자위찜(黃身蒸し，きみむし), 도우묘지찜(道明寺蒸し，とうみょじむし) 등이 있다.

(3) 재료에 의한 분류 : 계란을 사용한 것

찻잔찜(茶碗蒸し，ちゃわんむし), 가라나리무시(からなりむし), 오다마키무시(おだまきむし), 남선사찜(南禪寺蒸し，なんぜんじむし) 등이 있다.

(4) 형태에 의한 분류

질주전자찜(土瓶蒸し，どびんむし), 부드러운 찜(軟蒸し，やわらかむし), 뼈찜(骨蒸し，ほねむし), 벚꽃찜(櫻蒸し，さくらむし) 등이 있다.

6 조림요리(煮物, にもの)

1) 조림요리의 개요

조림요리는 생선과 야채 등 여러 재료를 이용하는데, 소금이나 간장, 설탕, 미림, 정종 등을 조려서 맛을 내는 요리이다. 향기 있는 재료는 향기가 날아가지 않도록 하는 것과 불 조절이 중요하며, 조림요리를 할 때에는 가열에 의해 얼룩이 생기지 않게 해야 하며, 조림에 의해 재료가 부서지는 것을 방지하기 위하여, 용도에 맞는 모양과 크기를 선택해야 한다.

2) 냄비와 뚜껑

(1) 냄비(鍋, なべ)

냄비는 조리하고자 하는 양보다 조금 큰 것을 선택하며 밑면이 적당히 두꺼운 것을 사용한다. 요리의 종류에 따라 얇고 넓은 것과 깊은 것으로 구분하여 사용할 수 있다.

(2) 요리용 뚜껑(洛蓋, おとしぶた)

냄비의 뚜껑을 안으로 떨어뜨려 조리하는 방법으로 냄비 안의 재료에 직접적으로 닿도록 하는 것이다. 냄비의 속 뚜껑의 틈은 약 1.5cm가 적당하며 재질로는 나무로 만든 것이 좋고, 나무로 된 것이 없을 경우에는 면이 넓은 접시나 좀 작은 냄비 뚜껑을 사용해도 괜찮다. 또 조림요리를 할 때 잘 부스러지기 쉬운 것은 튀김종이, 한지 등으로 표면을 완전히 덮어씌워준다. 이때 종이 위를 십자 모양으로 찢어주고, 작게 구멍을 내주어 끓일 때 무리를 주지 않도록 한다. 이것을 종이뚜껑이라고 하며 밤의 간로니, 니마메 등에 사용한다. 또 장시간 요리를 할 때 재료의 표면이 마를 때도 종이뚜껑을 사용하기도 한다.

3) 조림요리 재료의 선택과 끓이기

항상 재료는 먹기 쉽고 눈으로 보기도 좋으며 맛있게 조리함을 원칙으로 한다. 생선류, 기타 재료와 다시를 넣고 끓이면서 간을 하여 완성하며 마지막에 고명으로 장식한다.

(1) 끓일 때 사용할 다시국물(니시루)

니시루는 다시마 국물과 꽃다랑어로 뽑은 이번다시국물이 주로 사용된다. 재료에 따라서 니시루의 양을 결정하며 끓일 때 증발을 조절하거나 골고루 간이 스며들게 작은 뚜껑이나 종이뚜껑을 이용하는 것이 좋다.

(2) 불 조절

조림요리는 불 조절이 중요한 요소이다. 끓어 오를 때까지는 센 불로 하고, 그 다음은 중불로, 마무리는 약한 불로 하는데 재료와 양에 따라 다르게 할 수 있으나, 조림요리 시에는 태울 수 있기 때문에 조리가 끝날 때까지 자리를 떠나지 않아야 한다.

생선류는 주로 중불에 끓이며 엽채류나 육류와 같이 장시간 끓이는 것은 약한 불에 하는 것이 일반적이다.

4) 조미료의 사용 순서와 사용법

(1) 조미료의 사용 순서

일식요리법에서 맛을 곁들일 때는 조미료를 사용하는 순서가 정해져 있으며 (さ)사, (し)시, (す)스, (せ)세, (そ)소 순이다.

① 사(さ)(설탕) : 열을 가해도 맛의 변화에 큰 차이가 없으므로 먼저 사용해도 된다.

② 시(し)(소금) : 먼저 사용하면 재료의 표면이 단단해져 재료의 속까지 맛이 스며들지 않는다. 열에 변화가 크지는 않지만, 일단 맛이 스며들면 그 맛을 다시 돌리기 힘들다.

③ 스(す)(식초) : 다른 조미료와 합쳐졌을 경우 맛이 올라가기 때문에 나중에 넣어 식초의 맛을 조절하는 것이 좋다.

④ 세(せ)(간장) : 색깔, 맛, 향기를 가장 중요시하며, 재료의 색깔에 따라 국간장과 진간장을 선택하여 사용한다.

⑤ 소(そ)(화학조미료) : 맛이 부족하다는 느낌이 들 때 소량만 넣는다.

(2) 조미료의 사용법

① 소금(塩, しお)

많은 양을 넣으면 맛을 수정하기가 어려우므로 주의가 필요하며 맛을 결정하는 중요한 역할을 한다.

② 미림(味醂, みりん)

설탕 1/2 정도의 단맛과 감칠맛이 있어서 조리 시에는 알코올을 제거하여 사용하면 특유의 맛을 낼 수 있다.

③ 간장(醬油, しょうゆ)

간장은 크게 진간장(こいくちしょうゆ), 연간장(うすくちしょうゆ), 다마리(だまり)로 분류하며 조리법에 따라 사용한다. 맛이 스며들게 하기 위해 조리의 도중에 적당히 넣고, 마지막에 조금 첨가하여 마무리하면 향미가 좋다.

④ 술(酒, さけ)

감칠맛과 풍미를 증가시켜 주고 비린내를 제거하는 역할을 한다.

5) 조림요리의 기초기술

(1) 조림요리를 할 때는 재료를 사전에 준비할 필요가 있는 것과 직접 익히는 것으로 나누어 생각을 해야 한다.

(2) 조리의 목적에 따라 국물의 양을 결정한다.

(3) 뚜껑을 덮어 익히는 것과 뚜껑을 넣어 익히는 것, 뚜껑을 덮지 않고 익히는 것 등 재료가 익어가는 과정을 잘 살펴봐야 한다.

(4) 재료를 잘 파악해서 익히는 방법을 판단해야 한다.

(5) 끈기 있는 것 등은 처음부터 약한 불로 익혀 간다.

(6) 모양이 잘 일그러지는 것은 밑처리를 미리 한다.

(7) 재료가 잘 익지 않는 것은 먼저 넣어서 익힌다.

(8) 엽채류와 같이 불로 익히면 바로 조직이 파괴되거나 또한 살이 단단해지거나 살이 일그러지거나 해서 재료의 맛을 내는 성분이 빠진다. 이러한 경우에는 소량의 국물로 단시간에 마무리하도록 한다.

(9) 팽창률이 다른 소재로 익는 동안에 재료가 팽창하여 껍질이 벗겨지는 경우에는 소금 등을 넣어 익힌다.

(10) 익는 동안 재료가 국물을 흡수하는 경우에는 미리 많은 국물을 준비해 익힌다. 또한 수분이 많을 경우 수분은 제거해서 익힐 필요가 있다.

6) 조림요리의 종류

(1) 국물을 조리는 것(煮つけ, につけ)

생선의 일반적인 조림방법으로 조리하면서 간을 맞추는 것으로 냄비의 밑면이 넓고, 얕은 것을 사용해야 한다. 특히 조리하는 과정에서 생선이 서로 위에 겹쳐지지 않게 바닥에 깔아서 간이 골고루 스며들게 해야 한다.

조리는 방법은 생선을 적당한 크기로 자르고 미리 간을 해서 준비해 놓은 냄비에 넣고 다시마 다시국물과 조리 술을 반반씩 충분한 양을 넣은 다음 설탕은 적당히 넣고 냄비의 속뚜껑(오도시부다)을 넣어 익을 때까지 충분히 조린다. 어느 정도 익고 다시가 바닥에 차분하도록 조려지면 간장과 미림을 넣어 간과 광택을 낸다.

특히 조리는 과정에서 생선이 부스러지지 않게 조심히 다루어야 하며, 불의 조절도 초반에는 센 불에 하고 중간에 끓으면 중불로 줄이고, 마지막에 간을 하고 광택을 내는 과정에서는 불을 약하게 줄여 조린 국물을 끼얹어가면서 간과 광택이 잘 나도록 마무리를 해야 한다.

또한, 신선한 것은 간을 약하게 하고 최대한 빨리 조려야 하며, 신선도가 떨어지는 것은 간의 강도를 세게 하여 충분한 시간을 두어 익히는 게 좋다.

(2) 조각내어 조리기(粗焚き, あらたき)

도미의 머리, 아가미 부분, 또는 방어의 아가미 부분의 뼈가 붙어 있는 곳을 조린 것으로 신선한 생선이라도 맛을 진하게 해야 한다. 곁들이는 야채는 우엉, 죽순, 꽈리고추 등을 넣어 같이 조린다. 그리고 다 된 요리를 접시에 담아 낼 때에는 위에 생강 썬 것, 산초새순 등을 올려 낸다.

(3) 바짝 조리기(照り煮, てりに)

재료에 색이 진하고 광택을 내는 조림요리의 일종으로 먼저 조림국물을 진하고 윤기가 나도록 광택을 만든 다음 한번 익힌 재료를 넣어 재료와 조림국물을 잘 혼합시켜 조림국물이 아주 작게 만든다.

(4) 장시간 조리는 것(含煮, ふくめに)

많은 다시에 연한 간을 해서 재료를 넣어 천천히 간을 하는 방법으로 그 다시에 오래 담가두었다가 다시 간을 맞추어 사용하는 것을 말한다. 이것은 본래의 맛을 파괴시키지 않고 갖고 있는 본래의 맛을 살리는 방법으로 토란, 밤, 유바 등이 있다.

(5) 달게 조리는 법(甘露煮, かんろに)

민물고기를 조림할 경우, 단맛을 내기 위해 설탕, 미림을 많이 사용하면 너무 단단하게 되기 때문에 이 때 물엿을 사용하면 생선의 내부까지 스며들지 않고 외부에서 단맛의 막을 생성해 머물고 있기 때문에 전체적으로 연하면서 색깔도 잘 난다. 달게 조리는 생선은 간을 하지 않고 그냥 굽는 것이 보통 방법이다. 굽지 않고 그냥 그대로 사용하는 경우엔 비린내를 제거하기 위해 먼저 반차나 식초를 넣어 한 번 열을 가한 다음 요리를 한다. 또 마른 청어, 대구, 은어 등도 달게 조리하는 방법으로 할 수 있으나, 이때에는 일단 연하게 푹 삶은 다음 요리하는 것이 정식 코스이다. 대체로 먼저 소금이나 간을 하지 않고 그냥 구운 다음 냄비에 잘 정리해서 기본국물과 술을 많이 넣어 약한 불에 뼈까지 연하게 하여 간장, 미림 등을 넣고 빛깔, 맛 등을 잘 맞추어 요리한다.

(6) 조림콩(煮豆, にまめ)

니마메에 가장 많이 사용되는 콩은 대두, 검은콩 등이며 가장 중요한 것은 콩을 좋은 것으로 선택하는 것이다. 상처도 나지 않고 벌레가 먹은 것이 아닌 것으로 잘 선별해야 한다. 거의 조림콩을 하는 것은 건조한 콩을 사용하기 때문에 미리 불려놔야 한다.

콩이 어느 정도 불으면 다시국물에 다시 담가 조리면 된다. 이때 위에 뜨는 거품 같은 지저분한 불순물은 걷어내면서 국물이 연하게 될 때까지 삶아 간을 하여 최종 정리를 한다. 간을 할 때는 처음부터 하는 방법과 따로 간을 할 국물을 미리 만들어 후에 간을 맞추는 방법이 있다. 중불 이하로 속뚜껑을 해서 조린다. 또 설탕을 너무 많이 첨가하면 단단해지기 때문에 주의해야 한다.

이외에도 파랗게 조리는 것(靑煮, あおに), 된장으로 조리는 것(味噌煮, みそに), 희게 조리는 것(白煮, しろに), 전분 넣은 조림(吉野煮, よしのに), 자라요리 조림(鼈煮, すっぽんに) 등으로 조림법은 다양하다.

7 튀김요리(揚げ物, あげもの, 天婦羅, てんぷら)

1) 튀김요리의 개요

튀김조리법은 에도시대에 포르투갈, 스페인 등 바깥 문화의 왕래와 함께 급진적으로 발달하여 일본인들의 식생활로 정착하게 되었다. 덴푸라(天婦羅)의 어원은 포르투갈어의 tempero(조미료의 의미), 스페인어의 templo(사원의 의미) 등 이외에도 많은 외래어 설이 있다.

튀김은 고온에서 비교적 단시간에 가열할 수 있기 때문에 식품의 조직을 되도록 파괴하지 않을뿐더러 쉽게 연화되지 않아 비타민이나 영양소의 손실이 적다는 특성이 있다. 튀김요리는 바삭바삭하게 튀기는 것이 튀김의 생명이라 하기도 한다.

튀김요리에 필요한 용구는 튀김용 냄비를 비롯하여 볼, 채, 튀김그물, 용기, 튀김종이 및 긴 대나무젓가락 등이 필요하다.

2) 튀김요리의 재료와 사전준비

튀김요리는 고온으로 조리하고, 기름의 풍미로 냄새나 비린내가 제거되어 다소 선도가 떨어진 것이라도 좋다고 생각해서 사용하는 것은 큰 착각이다. 재료의 품질은 튀김조리에 직접적으로 큰 영향을 미치기 때문이다.

(1) 어패류

① 해수어(흰살 생선) : 담백한 맛이 나면서, 대부분의 재료가 기름의 풍미와 굉장히 잘 어울리므로 주로 튀김용으로 많이 사용된다. 그냥튀김 등으로 한 마리를 그대로 튀김할 경우에는 속까지 충분히 익도록 생선의 표면에 미리 칼집을 넣어둔다.

② 담수어 : 민물장어, 은어, 빙어 등은 대개 담백한 맛이므로 사용된다. 뼈와 비늘이 발달해 있지 않으며 내장도 특유의 쓴맛이 있어 독특한 풍미가 된다. 그러므로 재료 손질할 때 배 부분을 손으로 꾹 눌러서 똥을 빼내고, 엷은 소금물에 살짝 헹구는 것이 좋다.

③ 해수어(푸른 생선) : 전갱이, 고등어, 정어리 등은 지방이 많고 독특한 냄새와 비린내가 있으므로 튀김용으로는 많이 사용하지 않는다. 사용할 때는 소금에 절여서 간장과 술을 혼합한 양념에 담갔다가 생강즙을 갈아서 첨가하기도 하여 사전에 가볍게 조리하여 튀기면 좋다.

④ 붕장어 : 목을 자르고 살을 탄력성 있게 하고 배 부분에서 자른다. 여기서 뼈와 등지느러미를 제거한다. 잘 씻어서 작은 것은 그대로, 큰 것은 표면에 점액이나 비린내, 냄새가 많으므로 껍질 부분에 시모후리하여 적당히 잘라서 사용한다

⑤ 새우 : 머리를 제거하고 등 부분의 내장을 제거하고 껍질을 벗겨낸다. 꼬리 부분은 수분을 함유하고 있어서 선단은 잘라 내고 수분을 훑어낸다. 구부러지는 것을 막기 위해 배 부분 몇 군데에 칼집을 넣고 형태를 갖춘다.

⑥ 오징어 : 내장부분을 손질하고 펼쳐서 껍질을 벗겨 수분을 닦아낸다. 적당한 크기로 손질해서 휘어지는 것을 방지하고 먹기 좋게 하기 위해 칼집을 넣어 끓는 물에 데친 뒤 찬물에 식혀서 사용한다.

(2) 육류

닭고기가 일반적이다. 닭고기는 적당한 크기로 손질해서 줄어들지 않도록 몇 군데 가볍게 칼집을 넣어서 엷게 소금을 뿌려 간해 둔다.

(3) 야채류

수분이 적고 양잿물이 강하지 않은 재료는 색, 맛, 영양 등의 여러 면에서 동물성의 재료와 조화를 이루며, 맛을 돋우어준다. 수분이 많은 오이, 무 등 외에 대부분의 야채가 재료로써 사용된다. 수분을 충분하게 제거하는 것이 가장 중요하다.

(4) 건어물, 가공류

김, 유바, 곤부, 두부 등 곤부는 소량의 식초에 담가두면 식감이 아주 부드러워진다. 두부는 원래 지니고 있는 맛이 달아나지 않을 정도로 수분을 제거해 둔다.

3) 튀김요리에 사용하는 기름(油, あぶら)

(1) 기름의 종류와 튀김용 기름

식용기름에는 동물성(돼지기름, 쇠기름)과 식물성(면실류, 참기름, 유채기름, 대두기름, 옥수수기름 등)의 재료가 있으며, 일본요리의 튀김요리에는 식물성 기름이 사용된다.

특히 양질의 참기름은 마무리, 풍미, 영양 등의 면에서 튀김용으로서는 최적이다.

대두기름과 유채꽃기름은 참기름보다 가격이 저렴하고, 비교적 가벼운 맛을 지니고 있기 때문에 취향에 따라 조합하면 좋다.

(2) 기름의 양과 재료의 양

최대한 원래의 온도를 지키기 위하여 두꺼운 냄비를 사용하는 동시에 다량의 기름을 사용한다. 눈대중으로 재료가 완전히 푹 담길 수 있는 깊은 냄비에 7할 정도가 적당하다.

(3) 기름의 온도와 그 온도를 알아보는 방법

약 160도에서 180도 사이에서 대부분 튀김을 하며 기름의 온도를 알아보는 방법은 소량의 튀김옷을 떨어뜨려 확인하는 방법이 있다.

(4) 기름 사용 후 뒤처리

사용한 기름은 아직 뜨거울 때 체에 걸러서 냉암소에 보존하고 기름이 상하는 것을 방지해야 한다.

4) 튀김옷(고로모, 衣, ごろも)

고로모는 덴푸라의 튀김옷이 대표적이며 그 외에 그냥튀김이나 변화튀김에도 여러 가지 튀김옷을 사용한다. 튀김옷을 입히면 재료의 감칠맛이 날아가지 않는다.

덴푸라를 입에 넣었을 때 바삭바삭한 느낌은 덴푸라의 생명이라 할 수 있다. 그러므로 튀김옷(衣 : ごろも, 고로모)을 만들 때 절대로 끈기가 나지 않게 한다.

(1) 튀김옷에 이용되는 재료들

당면, 아라레, 찐 찹쌀을 말린 것, 검은깨, 미징꼬, 소면 등을 이용한다. 그냥 튀김에는 밀가루, 전분가루, 찹쌀가루 등이 있으며, 변화튀김옷으로는 당면, 참 깨, 미숫가루, 김, 싸라기눈, 차조기 등과 같이 여러 재료가 이용될 수 있다.

(2) 튀김옷의 종류

당면튀김(春雨揚げ, はるさめあげ), 찐 찹쌀을 말린 것(道明寺揚げ, とうみょ うじあげ), 솔잎모양 튀기기(松葉揚げ, まつばあげ) 등의 튀김옷 종류가 있다.

(3) 튀김옷 만들기

① 밀가루

밀가루는 끈기가 적은 박력분을 사용해야 하며, 구할 수 없을 경우에는 보통 사용하는 밀가루를 고운체에 입자를 곱게 내려서 사용하면 된다.

글루텐 : 밀가루에 함유되어 있는 글루텐은 휘저어 뒤섞든지, 그 뒤 온도를 가 하든지, 방치해 두면 찰기가 나오는 성질이 있으므로 튀김옷을 만들 때에는 이 점에 주의하고 차가운 계란물을 사용하여 재빨리 뒤섞는 것이 요령이다.

② 튀김옷을 만드는 물

물은 차게 해서 사용하여 끈기가 생기지 않게 한다.

대체적으로 튀김옷을 만들 때에는 색깔을 좋게 하기 위하여 계란 노른자를 이 용해서 튀김옷의 물을 만들기도 한다.

③ 튀김옷을 만드는 방법

물과 계란 노른자위 또는 계란을 잘 혼합한 계란물에 체에 거른 밀가루를 넣고 대나무젓가락으로 여러 차례 자르듯이 휘저어 뒤섞는다.

계란 흰자위를 넣으면 풍선처럼 부풀어 올라서 씹히는 맛과 입안에 닿는 촉감이 부드러우므로 취향에 맞춰서 사용가능하다.

④ 튀김옷의 농도

가볍게 마무리하기 위해서는 튀김옷을 엷게 하는 것이 좋으며 신선한 재료는 그냥튀김에 적합하다. 덴푸라덮밥이나 야채용으로 보통보다 조금 진하게 입히는 것이 적절하다.

5) 튀김요리의 종류

튀김하는 방법에 따른 종류는 그냥튀김(素揚げ, すあげ), 양념튀김(唐揚げ, からあげ), 계란물반죽튀김(衣揚げ, ごろもあげ), 변화튀김(変わりげ, かわりあげ)이 있다.

(1) 그냥튀김(素揚げ, すあげ)

① 특징

재료에 함유된 수분은 어느 정도 제거하고 그대로 튀기는 방법으로 재료의 색이나 형태가 잘 살려진다.

② 재료

그냥튀김은 재료로 기름이 직접 흡수되므로 수분이 적은 재료, 조직이 단단한 것, 너무 부드럽지 않은 재료가 적합하다.

ⓐ 푸른 야채류 : 풋고추, 그린아스파라거스, 청자조기 재료는 낮은 온도에서 색이 잘 나도록 튀겨서 곁들임에 사용한다.

ⓑ 민물생선과 비린내가 나는 재료 : 미리 조리해서 천천히 시간을 들여 튀기면서 수분은 제거하고 뼈까지 부드럽게 한다.

ⓒ 감자류, 뿌리류 : 수분이 적으므로 그냥 튀겨도 감칠맛이 밖으로 나오지 않아서 재료가 지닌 맛을 잘 살릴 수 있다.

③ 튀기는 방법

기름의 온도는 150~160℃ 정도로 전반적으로 가라앉는 온도에서 조금의 시간으로 튀기게 되면 색도 보기 좋고 바삭바삭해서 좋다.

④ 제공하는 방법

손님에게 요리를 서비스할 때에는 소금, 레몬 등의 감귤류의 즙, 즉 폰즈와 아주 잘 어울리며 별미이다.

(2) 양념튀김(唐揚げ, からあげ)

① 특징

생선이나 야채 등의 재료에 밑간을 한 다음 그 표면에 밀가루, 찹쌀가루, 전분 등의 가루류를 묻혀 튀기는 것을 가라아게라고 한다. 이 중에 밀가루는 어느 재료에 사용해도 상관없다. 재료 본연의 맛을 살리는 데 중심을 두어 요리를 단단하게 해야 한다. 고로모아게에 비하면 잘 타고 단단하게 되기 때문에 주의를 기울여야 한다.

② 재료

어패류는 새우, 오꼬제, 놀래미, 매마루, 가재미, 정어리, 복어, 전복 등이 적당하다.

야채류 아시라이용, 가지, 풋고추 등이 적당하다.

③ 튀김방법

덴푸라보다 조금 낮은 온도 160~170℃에서 뼈 속까지 충분히 열을 가한다.

④ 튀길 때의 주의점

재료에 밀가루를 묻혀 2~3분 정도 가만히 두었다가 가루는 가볍게 턴 다음에 튀겨야 한다.

양념튀김을 할 경우 튀기는 과정에서 기름이 밖으로 튀겨져 다칠 우려가 있으니 가능한 깊은 프라이팬을 꼭 이용하여 다치지 않도록 한다.

⑤ 제공하는 방법

재료 자체에 양념이 되어 있으므로 그냥 먹거나, 튀긴 즉시 고운 소금이나 레몬즙을 첨가해 먹기도 하며 덴쓰유에 양념(야쿠미)을 첨가해 먹어도 무난하다.

(3) 계란물반죽튀김(衣揚げ, ごろもあげ)

① 특징
어디까지나 덴푸라라고 말하는 것으로 주재료로 밀가루를 사용해서 튀김옷을 만들어 생선이나 야채에 묻혀 튀기는 것을 말한다. 대체적으로 어느 재료든 다 어울린다.

② 튀기는 방법
청자조기, 김 등과 같이 색을 살리기 위해 튀기는 것은 튀김옷을 한쪽만 묻혀서 저온(160~165℃)에서 튀긴다. 감자류, 뿌리류 등과 같이 조금 시간이 걸리는 것은 170℃ 정도의 온도에서, 날것으로도 먹을 수 있는 신선한 재료는 180℃ 전후의 높은 온도에서 튀긴다.

여열로써 익힐 수 있는 것을 미리 생각하여 80~90% 정도 익으면 건져 올린다.

③ 재료
어패류는 새우, 시라끼애비, 하제, 아나고, 오징어, 광어 등의 생선류가 적당하다. 야채류는 구근류, 깻잎, 연근, 두릅 등이 있다.

④ 제공방법
진한 덴푸라 맛국물, 맛소금, 레몬 등의 즙으로 먹는다.

⑤ 덴푸라의 튀김옷과 탈수작용
튀김 재료는 160~180℃ 정도의 고온의 기름에서 열을 가하여 익히므로 원래 재료에 있는 수분은 급속히 증발하고 그 수분과 바뀌어 기름이 흡수된다. 기름의 온도, 전, 양, 튀김옷을 만드는 방법 등의 조건이 진행될 경우 튀김요리는 본래의 무게보다도 조금 가볍게 바삭바삭하게 튀겨진다.

(4) 변화튀김(変わりげ, かわりあげ)

① 특징
재료와 튀김방법은 덴푸라에 속하지만, 튀김옷 그 자체를 살리기 위해서 색이 나지 않도록 약간의 저온에서 튀김한 경우가 많다.

② 변화튀김옷의 종류와 입히는 방법
당면, 쌀국수 : 아주 잘게 썰어서 사용한다.

- 차조기 : 그대로 또는 잘게 썰어서 사용한다.
- 진눈깨비 : 큰 것은 잘게 손질하여 사용한다.
- 땅콩, 호두 등과 같은 나무 열매류 : 잘게 썰어서 사용한다.

③ 튀김옷 입히는 방법

대체적으로 재료에 밀가루를 묻혀 잘 풀어 놓은 계란을 입혀서 튀김옷을 입힌다.

해태나 차조기 등과 같이 튀기면 수축하는 것은 보통 덴푸라의 튀김옷을 입혀서 묻히든 말아서 묻히든 둘 중 하나로 해서 한층 볼륨감을 준다.

6) 튀김 튀기는 법

(1) 덴푸라 기름을 적당한 온도로 만든 다음, 주재료를 먼저 밀가루에 가볍게 묻혀 튀김옷을 묻힌다.

이때 새우, 바다모래무지 등 꼬리가 있는 재료는 꼬리부분을 잡고 튀김옷에 넣어 묻혀 놓은 다음 튀기고 꼬리가 없는 것은 튀김용 젓가락을 이용한다.

(2) 재료를 기름에 넣을 때는 자신의 앞쪽에서부터 밖으로 살짝 던지는 기분으로 넣는다.

(3) 재료를 넣게 되면 덴푸라의 잔찌꺼기(덴까쓰)가 많이 뜨게 되는데, 최대한 빨리 그것을 건져내는 것이 좋다.

(4) 기름에 들어간 재료는 젓가락을 이용하여 휘어진 새우의 모양을 잡아주면서 젓가락의 감촉만으로 어느 정도 바삭바삭하게 되었다고 생각될 때 건져내면 된다.

(5) 건져낼 때는 여분의 기름이 빠지도록 덴푸라 전용망(아미)을 이용하며 겹쳐지 않도록 하여야 한다.

(6) 덴푸라는 튀긴 즉시 먹는 것이 이상적이며, 식으면 품질이 떨어지므로 먹기 직전 튀기는 것이 가장 최적의 방법이다.

(7) 많은 양을 튀기면 기름의 힘이 점차 약해져 제대로 튀겨지지가 않는다.

(8) 튀김요리는 도자기 그릇도 좋으나 죽제품의 바구니를 사용하면 더욱 보기 좋다.

7) 곁들이는 다시국물과 양념

튀김요리(揚げ物, あげもの)는 튀긴 즉시 먹는 것이 가장 맛있게 먹는 방법이며, 자신이 좋아하는 양념(藥味, やくみ)과 덴쓰유(天汁, てんつゆ)를 첨가해서 먹는다.

양념과 덴쓰유는 튀김요리를 먹고 싶게 하는 힘을 가졌으며, 또 금방 튀겨낸 뜨거운 튀김요리의 열을 조금 낮추어 먹기 쉽게 하기도 한다.

곁들이는 종류로는 덴쓰유(天汁, てんつゆ), 무즙(大根おろし, たいこんおろし), 빨간무즙(紅葉おろし, もみじおろし), 씻은 파(さらし蔥, さらしねぎ), 와리시오(割塩, わりしお) 등이 있다.

8 초회요리(酢の物, すのもの)

1) 초회(すのもの)요리의 개요

새콤달콤한 혼합초와 재료를 섞어 곁들여서 내는 요리로서, 계절의 맛을 드러내주어 식욕을 자극하고 재료가 가지고 있는 재료 본연의 맛을 살려내는 것이 중요하다. 시각적으로 아름답고 입에서의 식감을 높이기 위해 굽거나 데치는 조작을 하기도 한다.

특히 초회요리는 재료의 신선도를 최대한으로 잘 살펴보아야 한다.

미역이나 오이, 도사카노리 등의 야채를 바탕으로 어패류를 담아낸다.

주로 사용되는 혼합초로는 삼바이스가 가장 많으며, 니히이스, 아마스, 도사스 등도 자주 쓰인다.

맛이 담백하고 어느 정도의 산미가 있어, 짙은 조림, 튀김 등의 요리 뒤에 배합하여 입안에 시원함을 주며 식욕을 돋우어주고 입안을 개운하게 할 뿐 아니라 피로회복에 도움을 주며 여름철의 음식으로 적당하다.

2) 초회요리할 때 주의사항

(1) 재료는 최대한 신선한 것을 준비하고, 특히 어패류는 생으로 먹는 경우가 많아서 특별히 신경을 많이 써야 한다.

(2) 재료에 따라서 가열하고 밑간을 먼저 마친 후에 사용하는 경우가 있다. 이와 같은 경우는 재료의 조화를 생각해야 하며 재료는 식혀서 사용해야 한다.

(3) 초회(스노모노)는 접시에 담아도 미관상 좋지 않기 때문에 그릇을 잘 선택하는 것이 중요하며 작으면서도 좀 깊은 것과 잘 어울린다. 무, 감, 유자, 대나무 그릇, 대합껍질 등을 이용해도 잘 어울린다.

3) 초회요리 재료와 사전처리

사용되는 재료는 어패류, 수조육류, 야채, 건어물, 가공품 등과 같이 범위가 넓고, 이러한 것들이 합쳐지는 재료의 사전조리가 초회요리의 포인트가 된다.

(1) 날것을 사용한다.

어패류는 수분과 비린내를 없애기 위하여 소금을 한다. 야채류는 적당히 수분을 빼고 맛의 흡수를 보조하는 씹히는 맛을 더욱 살리기 위하여 소금에 주무르는 방법과 소금물에 담그는 방법을 사용한다.

또, 양잿물이 강한 것은 물이나 식초로 헹구어 사용한다. 주재료의 맛을 보충하기 위하여 다시마절임을 하는 경우도 있다.

① 소금을 한다.

소금을 함으로써 어패류에 남은 수분과 냄새를 제거하고 시따아지를 함으로써 적당한 소금을 들인다.

고등어와 같이 등이 푸른 생선은 비린내가 강하고 살이 부드럽기 때문에 베타지오를 하여 소금 맛이 스며들게 해야 하고, 살이 아주 단단하게 변하면 사용한다. 소금을 한 재료는 대부분 살짝 물에 씻고, 수분을 제거하여 사용한다.

② 소금 주무름

섬유질이 단단하고 수분이 많은 야채(무, 오이)는 소금을 뿌려서 잠시 재워두었다가 꺼내서 가볍게 주물러 수분을 짜낸 뒤에 사용한다.

가늘고 얇게 썬 재료에 극히 얇게 소금 맛을 들일 경우에는 소금물에 잠깐 담갔다가 수분을 짜낸다.

이렇게 하면 섬유질이 부드럽고 적당히 씹히는 맛이 있으며 소금맛이 배어 있어서 맛을 한층 더 높여준다.

(2) 식초로써 처리한다.

소금으로 처리한 재료에 거듭 식초의 맛을 들이든지 살을 단단하게 만들기 위해서는 스아라이(酢洗い, すあらい)나 스지메(酢じめ, すじめ)를 한다.

① 식초와 소금의 관계

소금에 의해 식초의 강한 산미가 부드러워지며, 동시에 쾌적하고 산뜻한 풍미가 살아나는 것이다. 그러므로 식초를 사용하는 요리의 경우는 소금을 사용하여 사전에 처리할 필요가 있다.

② 식초에 씻음(すあらい)

초회를 할 경우 소금한 재료를 물로 씻으면 싱거워지든지 거듭 살을 단단하게 죄므로 가볍게 산미를 들여야 할 경우에는 식초물에 잠깐 씻는 것이 좋은 방법이다.

이 작업을 스아라이라고 부르며 식초를 물에 섞어서 소량의 간장을 첨가하는 경우도 있다.

③ 식초절임(すじめ)

고등어 등과 같이 살이 부드럽고 비린내가 심한 생선과 두꺼워서 스아라이로 서는 산미가 스며들지 않는 것은 식초에 잠시 담갔다가 사용한다. 이렇게 되면 살이 단단히 조여지면서 산미가 스며들며 식초의 움직임에 의해 상하는 것을 막아주기도 하고 늦추어주기도 한다.

(3) 불에 익힌다.

수분이 많고, 맛이나 고로모가 입혀지기 어려운 것은 살짝 시모후리하여 사용하는 것이 좋다.

어패류 등은 사께이리(酒入り, さけいり)하면 재료의 비린내나 냄새를 제거할 수 있다.

민물생선이나 작은 생선은 수분을 제거한 뒤 비린내를 없애고 좋은 향이 나게 하고 식감을 높이기 위해 소금구이를 하거나 기름에 튀겨서 사용한다.

이외에도 술에 볶거나(酒入り, さけいり) 불리는 방법이 있다.

4) 혼합초의 기본분량과 만드는 방법

(1) 기본 혼합초(合酢, あわせず)

일반적으로 사람들이 초회에 사용하고 있는 것이다. 만드는 법도 간단하고 초와 다른 조미료를 골고루 섞는 것만으로도 충분하다. 특히 삼배초(三杯酢, さんはいず)는 일반 가정에서도 사용할 만큼 대중적이다.

여기에서 주의해야 할 점은 식초 선택방법이다. 식초의 냄새가 코를 찌를 정도로 자극이 너무 강한 것이거나 입에 넣었을 때 혀를 찌르는 듯한 시큼한 맛의 것은 사용하기 좋지 않으며, 부드러우면서도 시큼한 맛과 약간의 달콤한 맛, 감칠맛이 조화롭게 맴돌면 식초가 좋다.

① 니하이즈(二杯酢, にはいず)
들어가는 재료의 양으로는 식초, 간장 1컵, 다시국물 1.3컵 정도로 계량하여 한 번 끓여내서 만든다.

② 삼바이즈(三杯酢, さんはいず)
들어가는 재료의 양은 식초 2컵, 간장, 설탕 1컵, 다시국물 3컵 정도로 니하이즈와 만드는 방법은 동일하다.

③ 아마즈(甘酢, あまず)
들어가는 재료는 식초 1, 물 2, 설탕 0.9, 소금 적당량을 넣고 가볍게 열을 가하여 식힌다. 생강순 등의 초절임에 사용한다.

이외에 도사즈(土佐酢, とさず)법도 있다.

(2) 응용 혼합초

기본초에 좋은 향기와 아름다운 색깔과 맛있는 추가 재료를 넣어서 만든 초인데 혼합하는 재료에 따라 종류가 다르다.

종류로는 고마즈(胡麻酢, ごまず), 난반즈(南蛮酢, なんばんず), 미조레즈(霙酢, みぞれず), 바이니꾸즈(梅肉酢, ばいにくず), 다데즈(蓼酢, たでず), 기미즈(黃身酢, きみず), 와사비즈(山葵酢, わさびず) 등이 있다.

9 냄비요리(鍋物, なべもの)

1) 냄비요리의 개요

냄비요리는 추운 겨울날 하나의 냄비요리를 둘러싸고 앉아 서로 간의 정을 확인하여 더욱 가깝게 하는 데 더없이 좋은 요리이며 화합의 요리라 불리기도 한다. 이러한 분위기로 손님과 함께한다면 친밀감을 더해 줄 것이다.

냄비요리는 특히 냄비 그릇의 선정도 대단히 중요한 부분이다. 냄비요리는 전반적으로 보온성이 있어야 하고, 가능하면 약간 두껍고 넓은 것을 사용하는 게 좋다.

2) 냄비의 분류

삶거나 조리고 튀기거나 굽고 찌는 것 등 냄비는 조리하는 데 없어서는 안 되는 중요한 조리기구이며, 재질의 특징을 알고 크기, 깊이 등 여러 사항을 고려하여 알맞은 것을 사용하는 것이 좋다.

냄비 모양은 전반적으로 보온성이 있고 가능하면 두껍고 입구가 넓으며 조금 얕은 것이 좋다. 맛있게 끓일 때는 사람의 수에 비례해 냄비의 크기가 중요하며, 냄비요리 종류를 회석요리의 메뉴 중의 일품으로써 구성하면 작은 냄비로 해서 조림요리 대신해서 구이요리를 많이 사용하기도 한다.

(1) 모양에 따라 냄비가 분류되는데 그 종류로는 우치다시나베, 야토코나베, 편수나베 등 생김새에 따라 분류된다.

(2) 냄비의 용도에 따라 아게나베, 다마고야키나베, 스키야키나베, 돈부리나베, 호로쿠나베, 도나베 등으로 나누어질 정도로 냄비의 종류는 꽤나 다양한 편이다.

(3) 재질에 의한 분류

① 알루미늄, 알루미늄합금

알루미늄은 가볍고 녹슬지 않아서 열전도가 좋은 편이지만 산이나 알칼리, 고온 등에 취약하다. 냄비의 두께가 얇은 것은 불이 닿는 부분만 고온이 되기 때문에 냄비를 두껍게 하면 강도와 보온성이 높아진다. 따라서 될 수 있으면 두꺼운 것을 선택한다. 야토코나베나 편수냄비들이 폭넓게 이용되고 있다.

② 동제

일반적으로 붉은 냄비라고 불린다. 열전도가 매우 좋으며 열이 균일하게 전달되어 긴 시간 가열하는 요리에 적당하다. 다른 재질과 같은 두께가 최적이지만 무거운 것은 사용하기가 어렵고 높은 가격으로 수요가 높지 않다. 오뎅냄비나 계란구이판 등에도 사용된다.

③ 철제

튀김요리 냄비, 프라이팬, 스키야키냄비 등에 잘 이용된다. 그중에서도 철제의 것은 두께가 있어서 튼튼하고 열전도도 비교적 좋아 보온력에서도 우수하다. 다만 녹슬기 쉽고, 철 특유의 냄새가 난다는 단점과 사용 후에는 뜨겁게 만들어서 물로 씻어 잘 건조해 두어야 한다. 새것은 아직 녹이 슬지 않았기 때문에 사용하기 위해서는 한 번 불에 태워 그대로 냉각시켜야 한다.

이외에도 스테인리스제, 토기제 등이 있다.

3) 냄비요리의 재료와 기본준비

어패류나 육류는 냉동하지 않은 것을 사용하고, 생선은 신선도에 유의해서 골라야 한다.

특히 지리냄비로 하는 경우는 들어가는 생선이 신선하지 않으면 국물이 탁해져 비린 맛이 나기 때문에 얼지 않은 생선을 사용해야 한다.

어패류는 소금으로 깨끗이 씻은 후 한 번 데쳐야만 시원한 맛을 낼 수 있다. 너무 딱딱하거나 질긴 재료는 한 번 삶아서 사용한다.

섞는 재료에 특별한 기준은 정해진 게 아니지만 각 재료들의 구성과 조화를 생각해서 부재료가 주재료보다 많아서는 안 되며, 주재료의 국물을 충분히 우러나게 할 수 있는 구성이 필요하다.

특히, 향이 강한 재료나 냄새가 강한 것, 거품이 많이 나는 것은 냄비에 어울리지 않는 재료들이다.

(1) 재료의 종류

① 어패류(생선, 조개류) : 도미, 새우, 고등어, 방어, 굴, 대합, 피조개, 문어, 오징어 등

② 육류 : 소고기, 돼지고기, 닭고기, 양고기, 말고기 등

③ 야채류 : 무, 당근, 감자, 토란, 시금치, 배추, 쑥갓, 표고버섯, 은행, 파, 생강, 죽순 등

④ 네리모노 : 오뎅류, 어묵류

⑤ 그 외의 것 : 곤약, 버섯류, 유부, 두부, 이외 면류 등

(2) 재료의 준비과정

① 생선과 같이 비린내가 나는 재료는 파, 미나리같이 냄새가 강한 야채를 준비하며, 또 야쿠미(藥味)라 하는 파 등의 양념을 준비하기도 한다.

② 냄비요리는 영양의 균형도 충분히 고려하여 모든 영양소가 골고루 구성되어 있어야 한다.

③ 재료는 언제나 다루기 편하고 한입에 먹기 좋은 크기로 잘라 놓는다.

④ 야채는 끓여 조리하기 전에 미리 씻어 물이 떨어지는 일이 없도록 충분히 물기를 제거해 놓는다.

⑤ 감자처럼 잘 익지 않는 것은 미리 삶아서 준비한다.

⑥ 시금치, 쑥갓 등 아꾸가 센 것은 약간 끓는 물에 데쳐서 사용하는 것이 좋으며, 배추도 함께 삶아서 김발로 말아 접시에 담으면 보기가 더 좋다.

⑦ 유부는 뜨거운 물로 한 번 데치고 기름기는 살짝 제거한다.

⑧ 접시에 담을 때에는 색의 조화, 모양 등 구성과 함께 먹고 싶은 마음이 들 정도로 미관상 보기 좋아야 한다.

(3) 냄비요리 조리하기

불의 조절은 재료에 따라 다르며 끓으면 중불로 줄여야 하는 것이 중요하다.

① 빨리 익는 것, 늦게 익는 것은 구분해서 먼저 시간이 많이 걸리는 것부터 넣고 빨리 익는 것은 나중에 넣는 요령을 가진다.

② 생선류는 맛있는 국물이 나기 때문에 최대한 빨리 넣는 것이 좋으나 고기와 조개류는 장시간 끓이게 되면 질감이 질겨져 나중에 넣어서 익으면 바로 먹는 것이 좋다.

③ 두부는 오래 끓이면 맛이 떨어진다.

④ 쑥갓, 미쯔바(三つ葉) 등은 오래 끓이면 갈변하고 맛이 떨어져 국물이 탁

해진다. 그러므로 익으면 빨리 먹는 것이 좋다.

(4) 양념과 다시

양념은 독특한 향이나 혀를 자극할 수 있는 것을 곁들이고 안 좋은 냄새를 없애고 식욕을 돋아주는 역할을 한다. 소량을 이용해 냄비요리의 맛을 한층 돋울 수 있다.

쓰이는 재료와 역할은 다음과 같다.

잘게 썰어 씻은 파는 향이 좋으며 부드럽게 하고 재료의 나쁜 맛을 없애주며 찍어먹는 소스를 사용하는 냄비요리에 거의 사용한다.

곁들이는 양념으로 이용되는 것은 파(쪽파, 대파 등), 무, 생강즙, 유자, 산초, 김 부셔 놓은 것, 계란, 깨, 가쓰오부시 등을 들 수 있다.

4) 냄비요리의 종류

(1) 국물 많은 냄비요리

국물이 많기 때문에 물 또는 다시국물을 넣어 끓이며 닭을 토막 내어 닭국물로 계절야채와 함께 끓이는 미즈다키냄비가 있고 끓는 다시마 국물에 소고기를 살짝 담근 후 건져서 소스에 찍어 먹는 샤브샤브 등이 있다.

(2) 연한 간을 해서 끓이는 냄비요리

간을 연하게 하여 끓이며 우동과 제철 야채, 닭고기 등과 함께 끓인 우동냄비가 있고 여러 가지 다양한 재료를 풍부하게 넣어 다양한 맛을 즐기기 위한 모둠냄비가 있다.

(3) 진한 간을 해서 끓이는 냄비요리

간을 진하게 하여 끓이며 얇게 썬 소고기와 각종 야채를 곁들여 즉석에서 계란과 같이 끓여 먹는 스키야키 등이 있다.

일본요리

제**4**장

　　동북아시아에 자리 잡고 있는 일본의 홋카이도, 혼슈, 시코쿠, 규슈 4개의 큰 섬으로 이루어져 있으며 면적이 남북한 전체의 1.7배에 달하며 약 70~80%가 산간지역으로 이루어져 있고 평야가 적고 지역차가 현저하며 대부분의 지역은 해양성의 온난한 기후이고 남북으로 길어서 아열대에서 한대로 남북 간의 차이가 크고 사계절 구분이 뚜렷하고 각각의 계절마다 수확된 식품의 이용이 다양하고 과학적인 품질개량과 새로운 농경작법으로 양질의 쌀과 곡류, 채소, 과일이 풍부하게 생산되며 여러 가지 조리법이 발달하였다. 지형적인 특징으로 대륙의 음식문화 유입이 적극적이지는 못했지만 오히려 독특한 음식문화로 발전시킬 수 있었다.

　　일본은 우리나라와 같이 사계절 변화와 지역성 등의 영향으로 해산물, 농산물 등이 풍부하고 일본음식은 한국음식과 같이 쌀을 대부분 주식으로 하고 해산물을 이용하는 식생활 문화의 특성을 가지고 있다. 또한 일본은 다른 나라의 잦은 침범과 종교적인 문화의 전파 등 역사적으로 많은 혼돈의 시기를 거쳐 근대의 급박한 산업화 속에서 생성된 한국요리와 다르게 일본요리는 불교적인 문화의 전파를 통한 식생활 문화의 발전과 서양문화에 대한 개방적인 흡수로 인해 음식문화의 변화와 발전을 거듭하게 되었다. 일본요리의 특색은 계절적인 요리를 중요시하며 생선, 어패류, 회, 초회, 조림, 구이, 튀김 등으로 각 소재의 풍미, 색, 형태 등을 가지고 있으며, 일본요리라 하면 사시미 회, 스시 초밥이 대표적인 음식으로 자리매김을 했고 음식의 다른 점으로 향신료의 사용이 적고 음식이 담백하며 재료 본연의 맛을 최대한 살리려는 음식들이 발달하였다는 점을 볼 수 있다. "눈으로 먹는 요리"라고 할 정도로 음식에 대한 멋과 기술적인 부분들을 강조하고 있다. 식재료 선택과 조리기구, 그릇 등의 선택에도 세심한 주의를 기울이고 있다. 우리나라처럼 숟가락과 젓가락을 이용한 식문화가 아닌 젓가락 문화를 보이고 있고, 일본음식은 젓가락 사용에 대한 예절과 방법을 강조하고 있으며, 요리의 맛을 매우 중요시하며 고도의 기술과 일식 칼의 사용법을 중심으로 한 조각품을 만들어 요리와 함께 조리 예술적 아트를 이루고 한층 나아가 요리를 돋보이게 한다.

2 일본요리의 역사

조몬토기시대(BC 700～3세기)

주로 생식이 많았던 시대로 특별한 조리기술이 발달되지 않았다.

야요이도끼 고흥시대(3～6세기경)

토기를 사용하였으며 벼농사가 시작되었다.

나라시대(710～794)

불교문화의 활성화와 귀족계급이 등장하였다.

헤이안시대(794～1185)

중국, 한국의 식문화가 많이 전파되었다.

가마꾸라시대(1192～1333)

무가정권의 시대였으며 정진요리가 사원을 중심으로 발달하였다.

무로마치시대(1338～1573)

무가문화가 주류를 잡았으며 가이세키요리가 등장하게 되었다.

아츠치, 모모야마시대(1568～1600)

가이세키요리의 정착과 차의 생활화 및 다양한 외국의 식재료와 조리법이 유입되었다.

에도시대(1603～1867)

가이세키요리가 발달하였으며 일본요리 발달의 시기이다.

메이지 이후(1868～현대)

서양요리의 확산으로 일본요리와 서양요리의 혼돈시대이다.

3 조리법에 따른 일본요리

1) 무침요리

식재료와 향신료 등을 섞어서 무친 것을 말한다. 아에모노는 된장(미소)무침, 초(스)된장무침, 초무침, 깨무침, 성게알젓무침, 해삼창자 젓갈무침 음식 등 많은 무침요리가 있다.

2) 국물요리

국물요리를 한층 더 돋보이고 맛있게 하는 역할과 식욕을 증진시키는 것으로 용기의 뚜껑을 열었을 때 국물의 향기와 계절감이 넘치는 내용물의 아름다움, 국물의 맛을 토대로 한 풍미 등으로 인하여 조리사의 실력과 기술을 알 수 있다고 전해지고 있다. 맑은 국물용의 다시물은 많은 신경을 써서 만들지 않으면 안 되며, 약간의 부주의나 재료의 선택방법에 따라 같은 방법을 취하더라도 같은 맛을 낼 수 없다. 또한 국물을 뽑을 때 불 곁에 서 있다는 생각으로 신경을 다른 데 쓰지 않도록 해야 하고 국물 중에서도 최고의 좋은 맛 품질의 가다랑어(가쓰오부시)와 다시마를 사용한 일번다시라 할 수 있다. 국물을 뽑을 때에는 요리를 만들기 전에 만드는 것이 가장 효율적이고 빼놓은 후 많은 시간이 지체되면 맛과 향이 떨어지므로 주의하지 않으면 안 된다.

3) 구이요리

　구이요리 중 燒(소)는 세계요리에서 굽는 기술은 으뜸이라 할 수 있는 기술을 가지고 있으며, 일본요리에서 회, 초밥요리와 동등하게 선보일 수 있는 요리라고 할 수 있다. 이는 곧 乾熱(건열)요리의 식재료를 처리하는 것으로 재료 자체의 순수한 맛을 내는 요리이다. 직접구이와 간접구이의 2종류가 있으며, 구이요리에서 가장 중요한 조리과정으로 재료의 굽기 정도 및 표면이 식욕을 자극할 수 있어야 한다.

4) 튀김요리

튀김요리는 에도시대에 유럽의 포르투갈, 스페인 등 외래 식문화의 수입과 함께 더욱 발달하여 일본사람들의 식생활에 정착하였다. 튀김은 고온에서 비교적 단시간에 가열해서 식품의 조직을 파괴하지 않을뿐더러 쉽게 연화되지 않으므로 비타민이나 영양소의 손실이 적다는 것이 특징이다. 튀김요리는 바삭바삭하게 튀기는 것이 튀김의 생명이라 하겠고 이렇게 튀기기 위해서는 기름의 양과 온도 조절 그리고 튀김옷을 얼음으로 차갑게 하고 끈적이지 않게 하는 것이 맛있게 하는 요령이다.

5) 조림요리

조림요리는 생선과 야채 등 다양한 식재료를 이용하는데 각종 조미료 등으로 조려서 맛을 내는 요리이다. 재료의 향기가 있는 요리는 향기를 잃지 않도록 하는 것과 불 조절이 중요하며, 조림요리 중에는 불의 곁을 떠나서는 안 되며, 조림에 의해 재료가 부서지는 것을 방지하기 위하여 용도에 맞는 크기를 선택해야 한다. 원래는 식사할 때 먹는 반찬이었으나, 현재는 술안주로도 많이 애용되고 있다.

6) 찜요리

찜요리는 증기로 온도를 전달하여 조리하는 요리로 태울 염려가 없으며, 찜통에 증기를 올린 후 식재료를 넣어 요리를 한다. 증기를 이용하여 재료에 열을 가하여 익히는 조리법, 이 조작은 열이 구석구석까지 미치고 감칠맛도 달아나지 않도록 하고 겉보기도 좋고 부드럽게 마무리되는 이점도 있다. 다른 요리에 비해 차갑게 식어도 딱딱하게 변하지 않는 특징도 있고 이러한 증기에 의해 찌기 때문에 재료가 가진 수분을 잃지 않는다. 찜의 경우 압력을 이용하는 것도 가능하기 때문에 재료를 단시간에 부드럽게 만들 수 있으며 대량의 음식을 조리할 경우 조리과정의 단계에서 자주 활용되고 있다.

7) 면류요리

일본음식에서는 여러 가지 소바, 우동 기타 등의 면요리가 있지만 그래도 일본요리에서 대표적인 면요리는 소바라고 할 수 있다. 또한 최근에는 소바키리라 하여 널리 쓰이기도 하고 도쿄의 역사에는 에도시대부터 이어진 사라시나와 스나바, 야부라 부르기도 한다. 소바의 메밀 주성분 중 루틴은 모세혈관을 튼튼하게 해주고 혈압을 내려주고 비타민의 판토텐산이 많아서 두통의 피로도 줄여주고 해독성분도 있어서 간을 보호해 주는 역할도 한다. 또한 소바의 음이 '옆', '이웃'을 뜻하는 소바와 같은 데서 나와 이웃과 격의없이 친근하게 지내자는 의미를 가지고 있다. 소바의 종류로는 삶아진 면을 쓰유에 찍어 먹는 쓰케소바, 모리소바가 있으며 국물에 부어서 먹는 가케소바, 김을 뿌리면서 쓰유에 찍어먹는 자루소바가 있으며 또한 곁들여서 먹는 유부소바, 튀김소바 등 철판에 볶아먹는 야끼소바도 있다.

8) 초회요리

혼합초를 재료에 곁들여 내는 요리로써, 사계절을 가지고 있어 식욕을 자극하여, 재료가 가지고 있는 맛을 살려주는 중요한 것이다. 초회요리는 날것을 사용할 때는 특히 식재료의 신선도를 잘 살펴보아야 하고 식초를 사용하기 때문에 비린내가 나는 재료도 맛있게 먹을 수 있다. 미역이나 오이, 각종 야채를 바탕으로 어패류를 담아 낸다. 주로 사용되는 혼합초(스)로는 삼바이스, 니하이스, 아마스, 도사스가 많이 사용된다. 사용되는 식재료는 어패류, 야채, 가공품 등과 같이 범위가 넓고 이러한 것들에 더해서 재료의 사전처리가 초회요리의 키 포인트라 할 수 있다. 식재료에 따라서 조리 시 가열하거나 밑간을 먼저 한 후에 사용하는 경우도 있고 생선은 소금으로 살짝 절이거나 식초로 씻어 사용하기도 하고 야채는 소금으로 씻어서 사용할 수 있는데 이들은 모두 재료와의 조화를 고려해야 한다.

9) 냄비요리

냄비요리는 따뜻함이 연상되고 사계절에도 먹지만 특히 겨울철에는 더욱 어울리는 요리 중에 하나이다. 이러한 분위기로 고객을 초대한다면 친밀감을 더욱 높여줄 것이다. 또 냄비요리는 주방에서 요리해 내놓는 다른 요리보다는 식탁에서 직접 끓이면서 먹을 수 있기 때문에 시간의 절약과 그릇의 사용 수가 적어 주방의 일손이 줄일 수 있는 간단한 요리라고 할 수 있다. 재료도 다양하고 그다지 제한을 받지 않으며 같이 둘러앉아 즐길 수 있는 가정적인 요리(HMR) 비슷하다고 말할 수 있다. 삶거나 조리하고 튀기거나 굽는 등 냄비는 조리하는 데 있어 없어서는 안 되는 기본적인 조리기구이며 재질의 특징을 알고 크기, 깊이, 두께 등도 고려하여 용도에 맞는 것을 사용하는 것이 좋다. 냄비의 모양, 용도에 의한 분류를 하자면 우치다시나베, 야토코나베, 편수나베, 아게나베, 다마고야키나베, 돈부리나베, 스키야키나베, 유키히라나베, 호로쿠나베, 도나베 등이 있다. 재질에 의한 분류는 알루미늄, 합금, 동제, 철제, 토기, 스테인리스제 등이 있다. 그리고 냄비요리는 재료의 기본준비를 어패류나 육류는 냉동하지 않은 것을 사용하고 생선은 신선도가 중요하므로 좋은 것을 골라서 사용해야 한다. 특히 지리냄비요리는 생선이 신선하지 않으면 국물이 탁해지고 비린 맛이 나기 때문에 반드시 얼지 않은 생선을 사용해야 한다.

10) 밥류요리

밥 종류의 음식을 말하자면 그릇에 밥을 놓고 위에 반찬이 되는 요리를 올려놓는 것이 보통의 덮밥이라고 할 수 있다. 올려놓은 요리에 따라 돈부리라 부른다. 일반적으로 세 종류의 돈부리가 있는데 밥 위에 커틀릿을 올리면 카츠돈이라 부르고 튀김을 올려놓으면 텐돈이라 부르며 닭고기와 계란을 섞어서 만든 덮밥은 오야코돈이라 부른다.

이외에도 쇠고기덮밥(규돈), 추카돈(중국요리를 올려놓은 것) 등이 있다. 이러한 덮밥 종류의 음식은 본래 바쁜 사람들한테 인기도 좋고 간단히 먹을 수 있는 장점을 가지고 있다. 시간을 아끼기 위해 도쿄, 후쿠가와에서는 잡은 바지락조개를 넣고 된장국에 밥을 부어서 먹던 것이었다고 한다. 그래서 돈부리의 의미는 바쁘게 지내는 일본인한테 맞는 음식이라 할 수 있다.

11) 복어요리

복어에는 독이 있다는 것은 옛날부터 널리 알려진 사실이다. 복어의 독성분은 테트로도톡신(Tetrodotoxin)이라는 맹독성을 가지고 있으며 조금만 섭취해도 생명에 위협을 줄 수 있어 무서운 만큼 피, 내장, 알, 간, 눈 등의 부위만 먹지 않으면 다른 생선과 비교할 수 없을 정도로 감칠맛이 있어 미식가들은 너무나 좋아하는 요리 중 하나이다. 복어를 즐겨 먹는 나라는 동남아지역, 일본, 한국, 중국 등으로 특히 일본에서는 복어요리가 매우 발달되었다. 복어 종류는 120여 종에 이르나 그중에서도 우리나라에서 잡히는 종류는 5~6종이 있다. 주로 사시미복에는 참복어를, 복지리, 복샤브샤브는 까치복을 많이 사용하고 있다. 복어에 독이 없는 것도 있지만 독이 있는 복이 더 많고 치사율도 60% 이상에 이른다. 사람의 치사량은 2mg이고 한 마리에 33명 정도가 죽을 정도로 독성이 강하다. 복어의 독은 산란기 직전인 5~7월에 강하고 주로 겨울철에 복어의 맛이 좋다. 복어의 근육 중에 IMP가 전 핵산물질에 대하여 39.6%를 차지할 정도로 감칠맛이 우수하며 복어 열 추출물은 숙취해독에 효과가 있으며 복어의 지질성분에는 고도불포화지방산이 비교적 많이 함유되어 있는 것으로 보고되고 있다. 복어회를 즐겨 먹으면 가공요리에 의한 영양소의 파괴 없이 영양을 효과적으로 잘 이용할 수있다. 또한 복어의 깊은 맛과 관련된 유리아미노산인 타우린, 글리신, 알라닌, 루신 등이 전체 아미노산의 63%를 차지하고 있다. 이어 복어요리는 저칼로리, 고단백질, 저지방과 각종 무기질 및 비타민이 있어 다이어트 요리에도 최고의 요리라 할 수 있다. 뿐만 아니라 각종 당뇨병, 질환, 지병 등 노화를 방지하고 폐경을늦추며 혈액을 맑게 하고 피부를 아름답게 하며 고혈압과 신경통의 증상을 완화시킨다.

일식국가기술자격검정시험

제5장

무침조리
· 갑오징어 명란무침

국물조리
· 된장국 · 대합 맑은국 · 도미머리 맑은국

조림조리
· 도미조림

찜조리
· 달걀찜 · 대합술찜 · 도미술찜 · 달걀말이

밥류조리
· 참치김초밥 · 김초밥 · 쇠고기덮밥

초회조리
· 문어초회 · 해삼초회 · 생선초밥
· 생선모둠회

튀김조리
· 쇠고기 양념튀김 · 모둠튀김 · 튀김두부

구이조리
· 전복버터구이 · 쇠고기 간장구이
· 삼치 소금구이

면류조리
· 우동볶음 · 메밀국수

냄비조리
· 도미냄비 · 모둠냄비 · 전골냄비
· 꼬치냄비

복어조리
· 복어회 · 복어지리

무침조리

분류번호	1301010403_16v3
능력단위 명칭	일식 무침조리
능력단위 정의	일식 무침조리는 준비된 식재료에 따라 다양한 양념을 첨가하여 용도에 맞게 무쳐낼 수 있는 능력이다.

능력단위요소	수행준거
1301010403_16v3.1 무침재료 준비하기	1.1 식재료를 기초손질할 수 있다 1.2 무침양념을 준비할 수 있다. 1.3 곁들임 재료를 준비할 수 있다.
	지식 · 생선, 어패류의 기초손질 순서 · 생선, 어패류의 특성 · 식재료관리 · 양념의 종류별 특징 · 조리용 칼의 종류 및 용도
	기술 · 곁들임 재료의 조리방법과 썰기 능력 · 생선, 어패류의 손질능력 · 식재료 처리기술 · 양념의 종류별 사용능력
	태도 · 반복 훈련 태도 · 안전 수칙 준수 태도 · 위생 관리 태도 · 조리도구 청결 관리 태도
1301010403_16v3.2 무침 조리하기	2.1 식재료를 전처리할 수 있다. 2.2 무침양념을 사용할 수 있다. 2.3 식재료와 무침양념을 용도에 맞게 무쳐낼 수 있다.

능력단위요소	수행준거
1301010403_16v3.2 무침 조리하기	**지식** · 생선, 어패류의 특성 · 식재료 종류와 특성 · 양념의 종류와 특성 · 초간장의 특성
	기술 · 식재료 처리기술 · 양념의 종류별 사용능력 · 재료의 배합비율 조절능력 · 종류별로 메뉴에 따른 사용 능력 · 초간장과 양념(야쿠미)의 혼합 비율 조절 능력
	태도 · 반복 훈련 태도 · 안전 수칙 준수 태도 · 위생 관리 태도 · 조리도구 청결 관리 태도
1301010403_16v3.3 무침 담기	3.1 용도에 맞는 기물을 선택할 수 있다. 3.2 제공 직전에 무쳐낼 수 있다. 3.3 색상에 맞게 담아 낼 수 있다.
	지식 · 생선, 어패류의 특성 · 식재료 특성 · 양념의 종류별 특징 · 일식 기물의 종류
	기술 · 기물선택능력 · 어패류 무쳐 담는 기술 · 재료의 배합 비율 조절 능력
	기술 · 반복 습득 태도 · 안전 수칙 준수 태도 · 위생 관리 태도 · 조리도구 청결 관리 태도

적용범위 및 작업 상황

◉ 고려사항

- 이 능력단위에는 다음 범위가 포함된다.
  - 각종 생선, 어패류 및 채소류 무침
  - 명란젓무침, 생선살 된장무침, 두부채소무침, 해산물 참깨양념무침
- 식재료의 기초손질 및 전처리에는 다음 범위가 포함된다.
  - 무침조리는 생선, 어패류, 고기, 채소, 건어물 등을 생것으로 또는 엷은 밑간을 해서 조리한 것을 무침 소스로 버무려 재료와 조화된 맛을 즐기는 것을 포함한다.
  - 한식의 나물무침과 비슷하여 무친 것을 오래 두면 재료의 물기가 배어 나오므로 상에 올리기 직전에 무친다.
  - 삶아서 간을 하여 무치는 경우가 많으나 날것으로 사용하는 경우도 있다.
- 무침양념에는 다음 범위가 포함된다.
  - 흰 두부무침(시라아에, 두부를 쓰는 무침) : 미나리, 시금치, 쑥갓, 곤약, 송이, 생 표고버섯 등
  - 참깨무침(고마아에) : 미나리, 시금치, 머위, 연근, 쑥갓 등
  - 비지무침(오카라아에) : 감자, 당근, 완두, 양파, 생 표고 등
  - 겨자무침(가라시아에) : 미나리, 시금치, 쑥갓, 머위, 껍질 콩, 당귀, 조개류, 오이 등
  - 초무침(스아에) : 오이, 토마토, 양배추, 양파, 당근 등
  - 산초순무침(기노메아에) : 당귀, 연근, 오징어 등 된장과 같이 무침
  - 된장무침(미소아에) : 생오징어, 파, 조개류, 생선 등
  - 성게젓무침(우니아에) : 조개류, 버섯류, 껍질 콩 등
  - 오이무침(규리아에) 등
- 용도에 따른 기물선택에는 다음 범위가 포함된다.
  - 일본요리의 기본인 계절감을 살려서 기물을 선택한다.
  - 화려한 기물은 주요리를 어둡게 만들기 때문에 지양한다.
  - 3, 5, 7, 9 등 홀수로 기물을 선택
  - 작은 보시기를 주로 사용함

◉ 자료 및 관련 서류

- 일식전문 서적/식품위생법규/식품영양 전문서적
- 식품재료 원가, 구매, 저장 전문서적/식품가공 전문서적/조리도구 서적
- 조리도구 관리목록/식품위생/산업재해법 내의 안전관리/안전관리수칙
- 메뉴별 조리 레시피/원산지 확인서

⊙ 장비 및 도구
- 칼, 도마, 계량컵, 계량스푼, 계량저울, 조리용 젓가락, 온도계, 염도계, 체, 조리용 집게, 타이머 등
- 불과 열 도구, 냉장고 등
- 조리복, 조리모, 앞치마, 조리안전화, 위생행주, 분리수거용 봉투 등

⊙ 재료
- 생선, 어패류, 갑각류 등
- 가다랑어포, 건다시마, 미역, 해초류 등
- 간장, 된장, 맛술, 청주, 식초, 소금, 홍고추, 고춧가루, 겨자, 설탕, 참깨 등
- 무, 무순, 실파, 레몬(유자), 차조기 잎(시소), 오이, 매실, 생강, 대파, 당근 등

자가진단

1301010403_16v3	일식 무침조리

진단영역	진단문항	매우 미흡	미흡	보통	우수	매우 우수
무침재료 준비하기	1. 나는 식재료를 기초손질할 수 있다	①	②	③	④	⑤
	2. 나는 무침양념을 준비할 수 있다.	①	②	③	④	⑤
	3. 나는 곁들임 재료를 준비할 수 있다.	①	②	③	④	⑤
무침 조리하기	1. 나는 식재료를 전처리할 수 있다.	①	②	③	④	⑤
	2. 나는 무침양념을 사용할 수 있다.	①	②	③	④	⑤
	3. 나는 식재료와 무침양념을 용도에 맞게 무쳐낼 수 있다.	①	②	③	④	⑤
무침 담기	1. 나는 용도에 맞는 기물을 선택할 수 있다.	①	②	③	④	⑤
	2. 나는 제공 직전에 무쳐낼 수 있다.	①	②	③	④	⑤
	3. 나는 색상에 맞게 담아낼 수 있다.	①	②	③	④	⑤

진단결과

진단영역	문항 수	점 수	점수 ÷ 문항 수
무침재료 준비하기	3		
무침조리하기	3		
무침 담기	3		
합계	9		

※ 자신의 점수를 문항 수로 나눈 값이 '3점' 이하에 해당하는 영역은 업무를 성공적으로 수행하는 데 요구되는 능력이 부족한 것으로 교육훈련이나 개인학습을 통한 개발이 필요함.

MEMO

갑오징어 명란무침
いかのさくらあえ | 이까노 사꾸라아에

요구사항
※ 주어진 재료를 사용하여 다음과 같이 갑오징어 명란무침을 만드시오.

㉮ 명란젓은 알만 빼내시오.

㉯ 갑오징어를 두께 0.3cm로 채썰어 50℃ 정도의 청주에 데쳐서 사용하시오.

유의사항
㉮ 갑오징어는 잘 손질하여 얇은 껍질도 없도록 한다.

㉯ 조리작품 만드는 순서는 틀리지 않게 하여야 한다.

㉰ 숙련된 기능으로 맛을 내야 하므로 조리작업 시 음식의 맛을 보지 않는다.

㉱ 채점대상에서 제외되는 경우

   – 시험시간 내에 과제 두 가지를 제출하지 못한 경우 : 미완성

– 시험시간 내에 제출된 과제라도 다음과 같은 경우

• 문제의 요구사항대로 작품의 수량이 만들어지지 않은 경우: 미완성

• 해당과제의 지급재료 이외의 재료를 사용한 경우 : 오작

• 구이를 찜으로 조리하는 등과 같이 조리방법을 다르게 만든 경우 : 오작

• 불을 사용하여 만든 조리작품이 작품특성에 벗어나는 정도로 타거나 익지 않은 경우 : 실격

• 가스레인지 화구를 2개 이상 사용한 경우 : 실격

• 시험 중 시설·장비(칼, 가스레인지 등) 사용 시 감독위원 및 타 수험자의 시험 진행에 위협이 될 것으로 감독위원 전원이 합의하여 판단한 경우 : 실격

지급재료

갑오징어몸살 70g, 명란젓 40g, 무순 10g, 청주 30㎖, 소금(정제염) 2g, 청차조기잎(시소, 깻잎으로 대체 가능) 1장

만드는 법

❶ 갑오징어의 겉껍질, 속껍질을 제거 후 얇게 포를 떠서 곱게 채 썬다.

❷ 명란젓은 반으로 갈라서 속의 알만 긁어낸다.

❸ 냄비에 물과 청주, 소금 넣고 50도 정도의 따뜻한 온도에서 익지 않게 살짝 데쳐낸다.

❹ 수분을 제거 후 오징어와 명란젓 알에 청주, 소금과 껍질에 묻은 고춧가루 양념으로 잘 섞어준다.

❺ 완성 그릇에 깻잎을 깔고 갑오징어 명란무침을 보기 좋게 담으며 무순으로 장식한다.

 Tip

- 갑오징어는 몸통만 사용한다.
- 데칠 물의 온도가 너무 높아 오징어가 오그라들지 않게 한다.
- 명란젓은 반으로 가른 후 칼등으로 알만 긁어내고 이때 쿠킹호일을 도마에 놓고 긁으면 도마에 묻지 않는다.
- 갑오징어와 명란알의 비율은 3:1 정도로 잘 어우러지도록 한다.

국물조리

분류번호	1301010404_16v3
능력단위 명칭	일식 국물조리
능력단위 정의	일식 국물조리는 준비된 맛국물에 제철에 나는 주재료를 사용하여 맛과 향을 중요시하게 조리할 수 있는 능력이다.

능력단위요소	수행준거
1301010404_16v3.1 국물재료 준비하기	1.1 주재료를 손질하고 다듬을 수 있다. 1.2 부재료를 손질할 수 있다. 1.3 향미재료를 손질할 수 있다.
	지식 · 다시마의 종류 및 성분 · 생선, 어패류를 포함한 식재료의 종류와 특성 · 식재료관리 · 일번, 이번, 다시마국물 · 조리도구의 종류 및 용도
	기술 · 가다랑어포의 선별 능력 · 국물 우려내는 기술 · 다시마의 선별 능력 · 불 조절 능력 · 식재료처리기술
	태도 · 반복 훈련 태도 · 위생 관리 태도 · 조리도구 청결 관리 태도 · 안전 수칙 준수 태도
1301010404_16v3.2 국물 우려내기	2.1 물의 온도에 따라 국물재료를 넣는 시점을 조절할 수 있다. 2.2 국물재료의 종류에 따라 불의 세기를 조절할 수 있다. 2.3 국물재료의 종류에 따라 우려내는 시간을 조절할 수 있다.

능력단위요소	수행준거
1301010404_16v3.2 국물 우려내기	**지식** · 가다랑어포의 종류와 특성 · 기본조리 용어 · 다시마, 가다랑어포의 보관, 사용법 · 다시마의 종류와 특성 · 맛국물의 종류 · 화력 조절
	기술 · 가다랑어포의 선별 능력 · 국물 내는 기술 · 다시마의 선별 능력 · 불 조절 능력
	태도 · 반복 훈련 태도 · 안전 수칙 준수 태도 · 위생 관리 태도 · 조리도구 청결 관리 태도
1301010404_16v3.3 국물요리 조리하기	3.1 맛국물을 조리할 수 있다. 3.2 주재료와 부재료를 조리할 수 있다. 3.3 향미재료를 첨가하여 국물요리를 완성할 수 있다.
	지식 · 가다랑어포의 종류 및 조리특성 · 간장, 식초, 맛술의 종류와 특성 · 다시마, 가다랑어포의 보관, 사용법 · 다시마의 종류 및 성분 · 맛국물의 종류 · 조리도구의 종류 및 용도 · 향신료의 특성
	기술 · 가다랑어포의 선별 능력 · 국물 우려내는 기술 · 다시마의 선별 능력 · 불 조절 능력

능력단위요소	수행준거
1301010404_16v3.3 국물요리 조리하기	태도 · 반복 훈련 태도 · 안전 수칙 준수 태도 · 위생 관리 태도 · 조리도구 청결 관리 태도

적용범위 및 작업 상황

⊙ 고려사항

- 이 능력단위는 일본요리에 있어 가장 기본이 되는 요리로써 국물이 사용되는 모든 요리에 적용 가능하다.
- 맛국물에는 다음과 같은 종류가 포함된다.
  - 일번국물, 이번국물, 다시마국물(곤부 다시)
- 맛국물의 종류에는 다음과 같은 범위가 포함된다.
  - 조미국물/국물요리(즙[汁]류)/된장국/조개 맑은국/도미 맑은국
- 국물요리의 향미재료에는 다음과 같은 범위가 포함된다.
  - 유자, 레몬, 산초 잎, 참나물(미쓰바) 등

⊙ 자료 및 관련 서류

- 일식 전문 서적/식품위생법규/조리원리 전문서적/식품영양 전문서적
- 식품재료 원가, 구매, 저장 전문서적/식품가공 전문서적/조리도구 서적
- 조리도구 관리목록/식품위생/산업재해법 내의 안전관리/안전관리수칙
- 메뉴별 조리 레시피

⊙ 장비 및 도구

- 칼, 도마, 계량저울, 조리용 젓가락, 온도계, 체, 조리용 집게, 타이머 등
- 조리용 불 또는 가열도구 등
- 조리복, 조리모, 앞치마, 조리안전화, 위생행주, 분리수거용 봉투 등
- 조리용 냄비, 국자, 채반, 소청(면포)

⊙ 재료

- 생선, 어패류, 육류, 채소류, 두부, 유부, 버섯, 달걀, 유자 등
- 가다랑어포, 건다시마
- 맛술, 청주, 소금, 간장, 된장, 조미료

자가진단

1301010404_16v3	일식 국물조리

진단영역	진단문항	매우 미흡	미흡	보통	우수	매우 우수
국물재료 준비하기	1. 나는 주재료를 손질하고 다듬을 수 있다.	①	②	③	④	⑤
	2. 나는 부재료를 손질할 수 있다.	①	②	③	④	⑤
	3. 나는 향미재료를 손질할 수 있다.	①	②	③	④	⑤
국물 우려내기	1. 나는 물의 온도에 따라 국물재료를 넣는 시점을 조절할 수 있다.	①	②	③	④	⑤
	2. 나는 국물재료의 종류에 따라 불의 세기를 조절할 수 있다.	①	②	③	④	⑤
	3. 나는 국물재료의 종류에 따라 우려내는 시간을 조절할 수 있다.	①	②	③	④	⑤
국물요리 조리하기	1. 나는 맛국물을 조리할 수 있다.	①	②	③	④	⑤
	2. 나는 주재료와 부재료를 조리할 수 있다.	①	②	③	④	⑤
	3. 나는 향미재료를 첨가하여 국물요리를 완성할 수 있다.	①	②	③	④	⑤

진단결과

진단영역	문항 수	점 수	점수 ÷ 문항 수
국물재료 준비하기	3		
국물 우려내기	3		
국물요리 조리하기	3		
합계	9		

※ 자신의 점수를 문항 수로 나눈 값이 '3점' 이하에 해당하는 영역은 업무를 성공적으로 수행하는 데 요구되는 능력이 부족한 것으로 교육훈련이나 개인학습을 통한 개발이 필요함.

된장국
みそしる | 미소시루

요구사항

※ 주어진 재료를 사용하여 된장국을 만드시오.

㉮ 다시마와 가다랑어포로 국물을 만드시오.

㉯ 두부는 1×1×1cm로 썬 다음 데쳐 사용하시오.

㉰ ㉮의 국물에 된장을 풀어 체에 거른 후 간하여 그릇에 담아 완성하시오.

유의사항

㉮ 채소는 크기가 알맞도록 썬다.

㉯ 된장은 풀어 살짝 끓여낸다.

㉰ 다른 품목과 같이 완료하여 식지 않도록 한다.

㉱ 조리작품 만드는 순서는 틀리지 않게 하여야 한다.

㉲ 숙련된 기능으로 맛을 내야 하므로 조리작업 시 음식의 맛을 보지 않는다.

㉳ 채점대상에서 제외되는 경우

– 시험시간 내에 과제 두 가지를 제출하지 못한 경우 : 미완성

– 시험시간 내에 제출된 과제라도 다음과 같은 경우

• 문제의 요구사항대로 작품의 수량이 만들어지지 않은 경우 : 미완성

• 해당과제의 지급재료 이외의 재료를 사용한 경우 : 오작

• 구이를 찜으로 조리하는 등과 같이 조리방법을 다르게 만든 경우 : 오작

• 불을 사용하여 만든 조리작품이 작품특성에 벗어나는 정도로 타거나 익지 않은 경우 : 실격

• 가스레인지 화구를 2개 이상 사용한 경우 : 실격

• 시험 중 시설·장비(칼, 가스레인지 등) 사용 시 감독위원 및 타 수험자의 시험 진행에 위협이 될 것으로 감독위원 전원이 합의하여 판단한 경우 : 실격

지급재료

적된장 40g, 건다시마(5×10cm) 1장, 판두부 20g, 실파(1뿌리) 20g, 산초가루 1g, 가다랑어포(가쓰오부시) 5g, 건미역 5g, 청주 20㎖

만드는 법

❶ 된장국 재료를 확인 및 분리한다.

❷ 먼저 다시마를 넣고 육수를 낸 후 가쓰오부시를 넣고 5분 후에 면포에 맑게 걸러낸다.

❸ 두부는 사방 1cm의 주사위 모양으로 썬 후 소금물에 데친 다음 찬물에 헹군다.

❹ 미역은 소금물에 데친 다음 찬물에 헹궈 2~3cm 정도로 자른다.

❺ 실파는 곱게 썰어 찬물에 헹궈 물기를 뺀다.

❻ 일번다시 냄비에 올려 끓으면 흰 된장 한 큰술울 체에 밭쳐서 푼다.

❼ 된장국이 끓어오르면 거품을 제거 후 청주로 맛을 낸다.

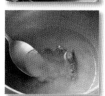

❽ 완성그릇에 두부와 미역을 담고 국을 8부 정도로 부은 후 실파와 산초가루를 뿌려 완성한다.

Tip

- 가쓰오부시는 넣고 끓이기보다는 뜨거운 물에 넣고 맛을 우려내는 것이 좋다.
- 미역의 줄기는 제거하고 너무 오래 데치면 흐물흐물해지므로 주의하여야 한다.
- 된장의 본연의 맛을 내고 간장이나 소금은 사용하지 않는다.
- 두부, 미역, 실파 등 규격에 맞게 썰어야 되고 된장을 푼 정도를 너무 흐리거나 진하게 하지 말아야 하는 것에 중점을 두어야 한다.

대합 맑은국

蛤の清し汁 | 하마구리노 스마시지루

시험시간
20분

요구사항

※ 주어진 재료를 사용하여 대합 맑은국을 만드시오.

㉮ 조개 상태를 확인한 후 해감하시오.

㉯ 다시마와 백합조개를 넣어 끓으면 다시마를 건져내시오.

유의사항

㉮ 찬물에 조개를 넣어 끓어올라 국물이 잘 우러나오도록 한다.

㉯ 곁들일 채소를 밑손질하여 사용할 수 있도록 한다.

㉰ 조개국물에 간을 하여 약간 싱거운 맛이 나야 한다.

㉱ 다른 품목과 같이 뜨거울 때 완성하여야 한다.

㉲ 조리작품 만드는 순서는 틀리지 않게 하여야 한다.

㉳ 숙련된 기능으로 맛을 내야 하므로 조리작업 시 음식의 맛을 보지 않는다.

Ⓐ 채점대상에서 제외되는 경우

– 시험시간 내에 과제 두 가지를 제출하지 못한 경우 : 미완성

– 시험시간 내에 제출된 과제라도 다음과 같은 경우

• 문제의 요구사항대로 작품의 수량이 만들어지지 않은 경우 : 미완성

• 해당과제의 지급재료 이외의 재료를 사용한 경우 : 오작

• 구이를 찜으로 조리하는 등과 같이 조리방법을 다르게 만든 경우 : 오작

• 불을 사용하여 만든 조리작품이 작품특성에 벗어나는 정도로 타거나 익지 않은 경우 : 실격

• 가스레인지 화구를 2개 이상 사용한 경우 : 실격

• 시험 중 시설·장비(칼, 가스레인지 등) 사용 시 감독위원 및 타 수험자의 시험 진행에 위협이 될 것으로 감독위원 전원이 합의하여 판단한 경우 : 실격

지급재료

백합조개(개당 40g 정도, 5cm 내외) 2개, 쑥갓 10g, 레몬 1/4개, 청주 5㎖, 소금 (정제염) 10g, 연간장(진간장 대체 가능) 50㎖, 건다시마(5×10cm) 1장

만드는 법

❶ 재료를 확인 후 쑥갓은 찬물에 담가두고 대합은 선도를 확인 후 소금물에 담가 해감한다.

❷ 레몬을 사시미칼로 오리발 모양을 만든다.

❸ 죽순은 석회질을 제거하고 소금물에 데쳐 빗살모양으로 2쪽 준비한다.

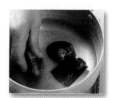

❹ 찬물에 대합과 다시마를 넣고 약한 불에서 끓이면서 거품을 제거한 후 대합이 입을 벌리면 건져낸다.

❺ 대합국물은 면포에 맑게 거른 후 간장, 소금, 청주 맛을 내며 살짝 끓인다.

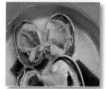

❻ 완성된 그릇에 담아둔 대합과 죽순을 담고 국물은 8부 정도 붓고 준비된 쑥갓과 오리발을 띄워 낸다.

Tip

• 조개는 서로 부딪혀보아 맑은 소리가 나면 싱싱한 것이다.

• 다시마와 조개를 함께 찬물에 넣어서 끓이는 좋은 조리방법이고 너무 센 불에서 오래 끓이면 국물이 탁해질 뿐 아니라 조개 속이 질겨지므로 약한 불에서 은근히 단시간에 맑게 끓여낸다.

• 끓인 다음 국물이 지저분하면 면포에 한번 걸러 맑게 해야 한다.

• 대합 맑은국 간은 싱겁고 색도 엷은 색이 나와야 하는 것이 중요하다.

도미머리 맑은국
たいの吸物 | 다이노 스이모노

요구사항

※ 주어진 재료를 사용하여 **도미머리 맑은국**을 만드시오.

㉮ 도미머리 부분을 반으로 갈라 50~60g 정도 크기로 사용하시오(※도미 몸통(살) 사용할 경우 오작 처리).

㉯ 소금을 뿌려 놓았다가 끓는 물에 데쳐 손질하시오.

㉰ 다시마와 도미머리를 넣어 은근하게 국물을 만들어 간하시오.

㉱ 대파의 흰 부분은 곱게 채를 썰어 사용하시오(시라가네기).

㉲ 간을 하여 각 곁들일 재료를 넣어 국물을 부어 완성하시오.

유의사항

㉮ 도미는 머리만 사용하고, 비늘이나 불순물이 없도록 손질한다.

㉯ 국물에 비린내가 나지 않도록 한다.

㉰ 다른 작품과 같은 시간에 완료시켜 뜨겁게 완성한다.

㉱ 조리작품 만드는 순서는 틀리지 않게 하여야 한다.

㉲ 숙련된 기능으로 맛을 내야 하므로 조리작업 시 음식의 맛을 보지 않는다.

㉳ **채점대상에서 제외되는 경우**

– 시험시간 내에 과제 두 가지를 제출하지 못한 경우 : 미완성

– 시험시간 내에 제출된 과제라도 다음과 같은 경우

• 문제의 요구사항대로 작품의 수량이 만들어지지 않은 경우 : 미완성

• 해당과제의 지급재료 이외의 재료를 사용한 경우 : 오작

• 구이를 찜으로 조리하는 등과 같이 조리방법을 다르게 만든 경우 : 오작

• 불을 사용하여 만든 조리작품이 작품특성에 벗어나는 정도로 타거나 익지 않은 경우 : 실격

• 가스레인지 화구를 2개 이상 사용한 경우 : 실격

• 시험 중 시설·장비(칼, 가스레인지 등) 사용 시 감독위원 및 타 수험자의 시험 진행에 위협이 될 것으로 감독위원 전원이 합의하여 판단한 경우 : 실격

지급재료

도미(200~250g, 도미과제 중복 시 두 가지 과제에 도미 1마리 지급) 1마리, 대파(흰 부분 15cm) 1토막, 죽순 30g, 건다시마(5×10cm) 1장, 소금(정제염) 20g, 연간장(진간장 대체 가능) 5㎖, 레몬 1/4개, 청주 5㎖

만드는 법

❶ 재료를 확인 후 죽순의 석회질을 제거한다.

❷ 도미의 머리는 반으로 가르고 비늘과 지느러미를 제거하고 꼬리는 X자로 넣고 꼬리 끝을 살려 모양을 내어 소금을 뿌려 둔다.

❸ 끓는 물에 도미머리를 데친 후 찬물에 헹궈 비늘과 불순물을 제거한다.

❹ 대파는 3cm 길이로 자른 후 가늘게 채썰어 진을 제거하기 위해 찬물에 담가 둔다.

❺ 냄비에 다시, 세척한 다시마 한쪽에는 도미머리를 넣고 중불로 끓이다가 간장, 소금, 청주를 넣고 끓이면서 다시마를 건져내고 불순물과 거품을 제거한다.

❻ 도미가 담긴 완성된 그릇에 죽순을 담고 국물은 8부 정도 넣고 레몬오리발과 채 썰었던 대파를 띄워낸다.

Tip

• 도미머리를 가를 때에는 앞니 사이 데바칼로 넣어 정확히 반으로 갈라낸다.

• 도미 손질 시 비늘제거 등 숙련도가 중요하다.

• 손질한 도미는 소금에 절여두고 도미 불순물을 제거할 때에는 찬물에 너무 오래 담가 놓으면 안 된다. (부서지기 쉬우므로 주의해야 한다.)

• 센 불에서 오래 끓이면 국물이 탁해지므로 약한 불에서 단시간에 끓여내야 한다.

• 대파를 가늘게 채 썬 후 물에 헹궈 강한 맛을 연하게 하고 죽순은 아린맛을 제거하기 위해 데쳐서 사용한다.

조림조리

분류번호	1301010406_16v3
능력단위 명칭	일식 조림조리
능력단위 정의	일식 조림조리는 다양한 식재료를 이용하여 조림을 할 수 있는 능력이다.

능력단위요소	수행준거
1301010406_16v3.1 조림재료 준비하기	1.1 생선, 어패류, 육류를 재료의 특성에 맞게 손질할 수 있다. 1.2 두부, 채소, 버섯류를 재료의 특성에 맞게 손질할 수 있다. 1.3 메뉴에 따라 양념장을 준비할 수 있다.
	지식 · 식재료 관리 · 식재료의 종류와 특성 · 양념의 종류와 특성 · 조리용 도구의 종류와 특성 · 채소의 종류 및 용도
	기술 · 식자재의 손질 능력 · 불 조절 능력, 시간 조절능력 · 양념 만드는 기술
	태도 · 반복 훈련 태도 · 안전 수칙 준수 태도 · 위생 관리 태도 · 조리도구 청결 관리 태도
1301010406_16v3.2 조림하기	2.1 재료에 따라 조림양념을 만들 수 있다. 2.2 식재료의 종류에 따라 불의 세기와 시간을 조절할 수 있다. 2.3 재료의 색상과 윤기가 살아나도록 조릴 수 있다.
	지식 · 양념의 종류와 특성 · 일식 조리법 · 조리도구 사용법 · 조미와 완성도

능력단위요소	수행준거
1301010406_16v3.2 조림하기	**기술** · 불 조절 능력과 시간조절능력 · 식재료의 색상, 윤기 내는 완성 기술 · 식재료의 조미능력 · 일식조리기술 · 조미와 완성기술
	태도 · 반복 훈련 태도 · 위생 관리 태도 · 조리도구 청결 관리 태도 · 안전 수칙 준수 태도
1301010406_16v3.3 조림 담기	3.1 조림의 특성에 따라 기물을 선택할 수 있다. 3.2 재료의 형태를 유지할 수 있다. 3.3 곁들임을 첨가하여 담아 낼 수 있다.
	지식 · 식재료의 종류와 특성 · 일식기물의 종류와 특성 · 조리도구 사용법
	기술 · 곁들임 채소 손질기술 · 부재료의 형태유지 능력 · 일식 데코레이션 기술
	태도 · 반복 훈련 태도 · 안전 수칙 준수 태도 · 위생 관리 태도 · 조리도구 청결 관리 태도

적용범위 및 작업 상황

⊙ 고려사항

- 이 능력단위에는 다음 범위가 포함된다.
    - 생선, 어패류, 육류, 채소를 사용하는 조림요리
    - 도미조림 등

- 조림양념에는 설탕, 맛술, 간장, 소금, 청주, 된장, 식초 등을 포함한다.
    - 단 조림 : 맛술, 청주, 설탕을 넣어 조림
    - 짠 조림 : 주로 간장으로 조림
    - 보통조림 : 장국, 설탕, 간장으로 적당히 조미하여 맛의 배합을 생각하며 조린 것
    - 소금조림 : 소금
    - 된장조림 : 된장
    - 초 조림 : 식품을 조림한 다음 식초를 넣어 조린 것
    - 흰 조림, 푸른 조림 : 색상을 살려 간장을 쓰지 않고 소금을 사용하여 단시간에 조린 것

- 곁들임 채소는 주재료의 맛을 부각시키기 위한 역할을 하는 부재료를 말한다.
    - 표고버섯, 우엉, 당근, 꽈리고추, 죽순, 두릅 등

⊙ 자료 및 관련 서류

- 일식 전문 서적/식품위생법규/조리원리 전문서적/식품영양 전문서적
- 식품재료 원가, 구매, 저장 전문서적/식품가공 전문서적/조리도구 서적
- 조리도구 관리목록/식품위생/산업재해법 내의 안전관리/안전관리수칙
- 메뉴별 조리 레시피

⊙ 장비 및 도구

- 칼, 도마, 계량저울, 계량컵, 계량스푼, 조리용 스푼, 조리용 젓가락, 온도계, 체, 조리용 집게, 강판, 조리용기, 조림용 뚜껑 등
- 조리용 화구와 가열 도구, 냉장고
- 조리복, 조리모, 앞치마, 조리안전화, 위생행주, 분리수거용 봉투 등

⊙ 재료

- 생선, 어패류, 육류, 채소류, 버섯류 등
- 간장, 된장, 맛술, 식초, 물엿, 청주, 소금, 설탕 등

자가진단

1301010406_14v2	일식 조림조리

진단영역	진단문항	매우 미흡	미흡	보통	우수	매우 우수
조림재료 준비하기	1. 나는 생선, 어패류, 육류를 재료의 특성에 맞게 손질할 수 있다.	①	②	③	④	⑤
	2. 나는 두부, 채소, 버섯류를 재료의 특성에 맞게 손질할 수 있다.	①	②	③	④	⑤
	3. 나는 메뉴에 따라 양념장을 준비할 수 있다.	①	②	③	④	⑤
조림하기	1. 나는 재료에 따라 조림양념을 만들 수 있다.	①	②	③	④	⑤
	2. 나는 식재료의 종류에 따라 불의 세기와 시간을 조절할 수 있다.	①	②	③	④	⑤
	3. 나는 재료의 색상과 윤기가 살아나도록 조릴 수 있다.	①	②	③	④	⑤
조림 담기	1. 나는 조림의 특성에 따라 기물을 선택할 수 있다.	①	②	③	④	⑤
	2. 나는 재료의 형태를 유지할 수 있다.	①	②	③	④	⑤
	3. 나는 곁들임을 첨가하여 담아 낼 수 있다.	①	②	③	④	⑤

진단결과

진단영역	문항 수	점 수	점수 ÷ 문항 수
조림재료 준비하기	3		
조림하기	3		
조림 담기	3		
합계	9		

※ 자신의 점수를 문항 수로 나눈 값이 '3점' 이하에 해당하는 영역은 업무를 성공적으로 수행하는 데 요구되는 능력이 부족한 것으로 교육훈련이나 개인학습을 통한 개발이 필요함.

도미조림
たいのあら焚き | 다이노 아라다기

요구사항

※ 주어진 재료를 사용하여 다음과 같이 도미조림을 만드시오.

㉮ 손질한 도미를 5~6cm로 자르고 머리는 반으로 갈라 소금을 뿌리시오.

㉯ 머리와 꼬리는 데친 후 불순물을 제거하시오.

㉰ 냄비에 앉혀 양념하여 조리하시오.

㉱ 다시(국물)을 만들어 사용하시오.

㉲ 완성 후 접시에 담고 채소를 앞쪽에 담아내시오.

유의사항

㉮ 곁들일 채소를 준비하여 처음 넣을 것과 나중에 넣을 것을 구분한다.

㉯ 조릴 때 타거나 눋지 않게 해야 한다.

㉰ 국물이 적당히 남도록 해야 한다.

㉱ 조리작품 만드는 순서는 틀리지 않게 하여야 한다.

㉲ 숙련된 기능으로 맛을 내야 하므로 조리작업 시 음식의 맛을 보지 않는다.

채점대상에서 제외되는 경우

– 시험시간 내에 과제 두 가지를 제출하지 못한 경우 : 미완성

– 시험시간 내에 제출된 과제라도 다음과 같은 경우

• 문제의 요구사항대로 작품의 수량이 만들어지지 않은 경우: 미완성

• 해당과제의 지급재료 이외의 재료를 사용한 경우 : 오작

• 구이를 찜으로 조리하는 등과 같이 조리방법을 다르게 만든 경우 : 오작

• 불을 사용하여 만든 조리작품이 작품특성에 벗어나는 정도로 타거나 익지 않은 경우 : 실격

• 가스레인지 화구를 2개 이상 사용한 경우 : 실격

• 시험 중 시설·장비(칼, 가스레인지 등) 사용 시 감독위원 및 타 수험자의 시험 진행에 위협이 될 것으로 감독위원 전원이 합의하여 판단한 경우 : 실격

지급재료

도미(200~250g) 1마리, 우엉 40g, 꽈리고추(2개 정도) 30g, 통생강 30g, 백설탕 60g, 청주 50㎖, 진간장 90㎖, 소금(정제염) 5g, 건다시마(5×10cm) 1장, 맛술 (미림) 50㎖

만드는 법

❶ 재료를 확인 후 분리한다.

❷ 도미는 비늘을 긁어내고 아가미, 내장을 깨끗이 제거하고 머리와 몸통을 분리하고 머리부분을 정확히 쪼개고 몸통자르기의 순서대로 손질 후 소금을 뿌려 준비해 놓는다.

❸ 우엉은 길이 5cm 굵기 8mm 정도의 나무젓가락 모양으로 칼질을 한다.

❹ 생강은 아주 얇게 채썰어 하리쇼가해서 찬물에 담가 놓는다.

❺ 준비를 해놓은 냄비에 우엉과 도미를 넣고 청주를 먼저 넣고 끓여 알코올을 제거하고 도미가 잠길 정도의 다시물을 넣고 설탕도 첨가 후 작은 호일을 만들어 덮은 뒤 조린다.

❻ 타지 않도록 주의를 하여야 하며 어느 정도 조려지면 국물을 부으며 꽈리고추를 넣고 살짝 조린다.

❼ 거의 다 조려진 도미조림을 그릇에 도미를 담고 우엉과 꽈리고추를 세우고 하리쇼가의 물기를 제거하여 곁들여 세워서 완성한다.

Tip

- 도미는 비늘을 긁어내고 머리와 아가미, 내장은 한번에 제거한다.
- 도미머리를 가를 때는 데바칼로 정확히 머리 윗부분을 정확히 반으로 갈라낸다.
- 국물이 너무 많거나 너무 조려서 타지 않도록 하는 것이 매우 중요하며 색을 내도록 한다.
- 조린 후 담을 때 도미의 머리와 살이 안 부서지게 담도록 한다.
- 도미는 그릇에 담을 때 껍질이 위로 오도록 한다.
- 마지막으로 그릇에 담을 때는 남은 국물을 살짝 끼얹어서 음식의 윤기를 더하고 야채는 앞쪽으로 세워 담는다.

찜조리

분류번호	1301010407_16v3
능력단위 명칭	일식 찜조리
능력단위 정의	일식 찜조리는 다양한 식재료를 이용하여 찜을 할 수 있는 능력이다.

능력단위요소	수행준거
1301010407_16v3.1 찜 재료 준비하기	1.1 메뉴에 따라 재료의 특성을 살려 손질할 수 있다. 1.2 고명, 부재료, 향신료를 조리법에 맞추어 손질할 수 있다. 1.3 양념재료를 준비할 수 있다.
	지식 · 단백질의 열에 의한 응고상태 · 식재료관리 · 식재료 처리법 · 조리도구의 종류와 특성 · 찜 조리법의 특성
	기술 · 신속한 조리로 육즙 보존 능력 · 찜의 색상과 형태 유지 능력 · 찜용 재료 손질 능력
	태도 · 반복 훈련 태도 · 안전 수칙 준수 태도 · 위생 관리 태도 · 조리도구 청결 관리 태도
1301010407_16v3.2 찜 조리하기	2.1 찜통을 준비할 수 있다. 2.2 찜 양념을 만들 수 있다. 2.3 식재료의 종류에 따라 불의 세기와 시간을 조절할 수 있다.
	지식 · 단백질의 열 응고상태 · 식재료관리 · 식재료의 종류와 특성 · 양념의 종류와 특성

능력단위요소	수행준거
1301010407_16v3.2 찜 조리하기	**기술** · 불 조절 능력 · 신속한 조리로 육즙 보존 능력 · 양념장의 양을 맞추는 능력 · 익힘 정도를 조절할 수 있는 능력 · 찌는 시간 조절 능력 · 찜용 식재료 처리기술
	태도 · 반복 훈련 태도 · 안전 수칙 준수 태도 · 위생 관리 태도 · 조리도구 청결 관리 태도
1301010407_16v3.3 찜 담기	3.1 찜의 특성에 따라 기물을 선택할 수 있다. 3.2 재료의 형태를 유지할 수 있다. 3.3 곁들임을 첨가하여 완성할 수 있다.
	지식 · 식재료관리 · 일식 조리법의 특성 · 조리용 도구의 종류 및 용도 · 조리기물의 종류와 특성
	기술 · 불 조절 능력 · 식재료 조리기술 · 재료의 형태유지 능력 · 찜 맛국물 조리 능력 · 찜용 기물선택능력
	태도 · 반복 훈련 태도 · 안전 수칙 준수 태도 · 위생 관리 태도 · 조리도구 청결 관리 태도

적용범위 및 작업 상황

⦿ 고려사항

- 이 능력단위에는 다음 범위가 포함된다.
  - 달걀찜(자완무시), 도미술찜, 대합술찜, 닭고기술찜 등
- 고명이라 함은 음식의 빛깔을 돋보이게 하고 음식의 맛을 더하기 위하여 음식 위에 얹거나 뿌리는 것을 말한다.
- 찜 양념 제조법에는 다음과 범위가 포함된다.
  - 술찜(사카무시) : 도미, 전복, 대합, 닭고기 등에 소금을 뿌린 뒤 술을 부어 찐 것
  - 된장찜(미소무시) : 된장을 사용해서 냄새를 제거하고 향기를 더해줘서 풍미를 살린 것
  - 무청찜(가부라무시) : 흰살 생선 위에 순무를 갈아서 계란 흰자가 거품 낸 것을 섞어 얹어 쪄 낸 것
  - 신주찜(신주무시) : 흰살 생선을 이용하여 메밀국수를 삶아 재료 속에 넣거나 감싸서 찜한 것
  - 찹쌀찜(도묘지무시) : 물에 불린 도명사 전분(찹쌀을 건조시켜 잘게 부숴놓은 상태)으로 재료를 감싸거나 위에 올려놓고 찌는 것
  - 산마찜(조요무시) : 강판에 간 산마를 곁들여 주재료에 감싸서 찐 것
- 스팀(steam)기술에는 다음과 같은 범위가 포함된다.
  - 찌기를 위한 준비완료 → 찜솥 속에 액체를 넣고 랙(rack)을 올린다. → 뚜껑을 덮고 물을 끓인다. → 식재료를 랙 위에 올리고 뚜껑을 덮는다. → 수증기가 찜솥에서 빠지지 않도록 한다. → 원하는 익힘 정도까지 찐다. → 찌기과정에서 식재료를 부분 조리하지 않는다. → 음식을 즉시 제공한다.
- 폰즈소스의 재료의 비율을 이해하고, 야쿠미 만들기 중 실파, 무, 레몬의 모양 내기를 한다.
- 찜기의 종류 중 나무찜통, 스테인리스통, 알루미늄통의 장점, 단점을 이해하고 찜통을 사용하는 방법 및 유의점을 숙지한다.

⦿ 자료 및 관련 서류

  - 일식 전문 서적/식품위생법규/조리원리 전문서적/식품영양 전문서적
  - 식품재료 원가, 구매, 저장 전문서적/식품가공 전문서적/조리도구 서적
  - 조리도구 관리목록/식품위생/산업재해법 내의 안전관리/안전관리수칙
  - 메뉴별 조리 레시피

⊙ 장비 및 도구
- 칼, 도마, 계량저울, 계량컵, 계량스푼, 조리용 젓가락, 온도계, 체, 조리용 집게, 강판, 믹서기, 타이머 등
- 조리용 화구와 가열 도구, 찜기, 냉장고
- 조리복, 조리모, 앞치마, 조리안전화, 위생행주, 분리수거용 봉투 등

⊙ 재료
- 생선, 어패류, 육류, 채소류, 버섯류 등
- 간장, 설탕, 소금, 청주, 맛술, 식초, 후춧가루, 고춧가루 등
- 유자(레몬)
- 건다시마, 가다랑어포

자가진단

1301010407_14v2	일식 찜 조리

진단영역	진단문항	매우 미흡	미흡	보통	우수	매우 우수
찜 재료 준비하기	1. 나는 메뉴에 따라 재료의 특성을 살려 손질할 수 있다.	①	②	③	④	⑤
	2. 나는 고명, 부재료, 향신료를 조리법에 맞추어 손질할 수 있다.	①	②	③	④	⑤
	3. 나는 양념재료를 준비할 수 있다.	①	②	③	④	⑤
찜소스 조리하기	1. 나는 메뉴에 따라 재료의 특성을 살려 맛국물을 준비할 수 있다.	①	②	③	④	⑤
	2. 나는 찜 소스를 찜의 종류와 특성에 따라 조리법에 맞추어 조리할 수 있다.	①	②	③	④	⑤
	3. 나는 첨가되는 찜 소스의 양을 조절하여 조리할 수 있다.	①	②	③	④	⑤
찜 조리하기	1. 나는 찜통을 준비할 수 있다.	①	②	③	④	⑤
	2. 나는 찜 양념을 만들 수 있다.	①	②	③	④	⑤
	3. 나는 식재료의 종류에 따라 불의 세기와 시간을 조절할 수 있다.	①	②	③	④	⑤
찜 담기	1. 나는 찜의 특성에 따라 기물을 선택할 수 있다.	①	②	③	④	⑤
	2. 나는 재료의 형태를 유지할 수 있다.	①	②	③	④	⑤
	3. 나는 곁들임을 첨가하여 완성할 수 있다.	①	②	③	④	⑤

진단결과

진단영역	문항 수	점 수	점수 ÷ 문항 수
찜 재료 준비하기	3		
찜소스 조리하기	3		
찜 조리하기	3		
찜 담기	3		
합계	12		

※ 자신의 점수를 문항 수로 나눈 값이 '3점' 이하에 해당하는 영역은 업무를 성공적으로 수행하는 데 요구되는 능력이 부족한 것으로 교육훈련이나 개인학습을 통한 개발이 필요함.

달걀찜

たまごむし | 다마고무시

시험시간
30분

요구사항

※ 주어진 재료를 사용하여 다음과 같이 달걀찜을 만드시오.

㉮ 찜 속재료는 각각 썰어 간하시오.
㉯ 나중에 넣을 것과 처음에 넣을 것을 구분하시오.
㉰ 가다랑어포로 다시를 만들어 식혀서 달걀과 섞으시오.

유의사항

㉮ 각 재료는 적합한 크기로 자르거나 손질하여 밑간한다.
㉯ 가다랑어포로 다시를 뽑아 적당한 달걀물을 만들어야 한다.
㉰ 찜 때 불 조절을 잘하고, 평면이 부풀어 오르지 않아야 된다.
㉱ 다른 작품과 같이 완료되어 뜨거워야 한다.
㉲ 조리작품 만드는 순서는 틀리지 않게 하여야 한다.
㉳ 숙련된 기능으로 맛을 내야 하므로 조리작업 시 음식의 맛을 보지 않는다.
㉴ 채점대상에서 제외되는 경우

- 시험시간 내에 과제 두 가지를 제출하지 못한 경우 : 미완성
- 시험시간 내에 제출된 과제라도 다음과 같은 경우
  - 문제의 요구사항대로 작품의 수량이 만들어지지 않은 경우: 미완성
  - 해당과제의 지급재료 이외의 재료를 사용한 경우 : 오작
  - 구이를 찜으로 조리하는 등과 같이 조리방법을 다르게 만든 경우 : 오작
  - 불을 사용하여 만든 조리작품이 작품특성에 벗어나는 정도로 타거나 익지 않은 경우 : 실격
  - 가스레인지 화구를 2개 이상 사용한 경우 : 실격
  - 시험 중 시설 · 장비(칼, 가스레인지 등) 사용 시 감독위원 및 타 수험자의 시험 진행에 위협이 될 것으로 감독위원 전원이 합의하여 판단한 경우 : 실격

지급재료

달걀 1개, 잔새우(약 6~7㎝ 정도) 1마리, 어묵(판어묵) 15g, 생표고버섯(0.5개) 10g, 밤 1/2개, 가다랑어포(가쓰오부시) 10g, 닭고기 20g, 은행(겉껍질 깐 것) 2개, 흰 생선살 20g, 쑥갓 10g, 진간장 10㎖, 소금(정제염) 5g, 청주 10㎖, 레몬 1/4개, 죽순 10g, 건다시마(5×10cm) 1장, 이쑤시개 1개, 맛술(미림) 10㎖

만드는 법

❶ 다시마와 가쓰오부시를 이용해서 가쓰오다시 2컵을 준비한다.

❷ 찜 속에 제료는 1.5cm로 크기로 썰고 끓는 냄비에 새우, 은행, 표고, 흰살 생선, 죽순, 어묵, 밤(생률)을 청주에 넣고 데쳐서 준비해 놓는다.

❸ 다시 5t, 간장 1/2ts, 미림 1/2ts을 넣고 속재료들을 냄비에서 조리면서 밑간을 한다.

❹ 달걀을 풀어서 다시물 1/2컵을 잘 풀어준 후 청주, 소금, 간장으로 간을 한 후 고운체에 내린다.

❺ 찜 그릇에 손질한 모든 식재료를 담고 달걀물을 8부 정도 붓는다.

❻ 냄비에서는 중탕으로 하거나 찜통에서 12분 정도 찐다.

❼ 달걀이 익히면 레몬오리발, 쑥갓을 올려 완성한다.

Tip

- 다시마와 가쓰오부시 다시는 맑게 준비한다.
- 죽순은 아린맛을 제거하고 빗살무늬 사이의 석회질도 씻어내는데 죽순에 들어 있는 단백질, 아미노산, 전분 등이 티톡신과 결합해서 생긴 것이다.
- 달걀 1개당 다시물은 2배 정도 섞어 고운체로 한번 거른 후 기포가 생기지 않도록 하는 것이 중요하다.
- 찜 그릇에 물이 넘치지 않도록 주의하고 약한 불로 부드럽게 찜을 할 수 있는가에 초점을 맞추어야 한다.

대합술찜
はまぐりの酒むし | 하마구리노 사케무시

요구사항

※ 주어진 재료를 사용하여 다음과 같이 대합술찜을 만드시오.

㉮ 조개의 밑쪽 눈을 따내시오.

㉯ 다시(국물)을 만들어 놓으시오.

㉰ 술을 뿌려 쪄내시오.

유의사항

㉮ 대합의 눈을 따내서 벌어지는 것을 방지하여야 한다.

㉯ 다시(국물)을 만들고 술의 알코올을 제거하여야 된다.

㉰ 대합을 데바칼로 입을 벌려 다시 뚜껑을 덮고 쑥갓을 곁들여서 다른 작품과 같이 완료시킨다.

㉱ 양념초와 양념을 만들어 내시오.

㉲ 조리작품 만드는 순서는 틀리지 않게 하여야 한다.

㉳ 숙련된 기능으로 맛을 내야 하므로 조리작업 시 음식의 맛을 보지 않는다.

㊸ 채점대상에서 제외되는 경우

– 시험시간 내에 과제 두 가지를 제출하지 못한 경우 : 미완성

– 시험시간 내에 제출된 과제라도 다음과 같은 경우

• 문제의 요구사항대로 작품의 수량이 만들어지지 않은 경우 : 미완성

• 해당과제의 지급재료 이외의 재료를 사용한 경우 : 오작

• 구이를 찜으로 조리하는 등과 같이 조리방법을 다르게 만든 경우 : 오작

• 불을 사용하여 만든 조리작품이 작품특성에 벗어나는 정도로 타거나 익지 않은 경우 : 실격

• 가스레인지 화구를 2개 이상 사용한 경우 : 실격

• 시험 중 시설·장비(칼, 가스레인지 등) 사용 시 감독위원 및 타 수험자의 시험 진행에 위협이 될 것으로 감독위원 전원이 합의하여 판단한 경우 : 실격

지급재료

백합조개(개당 40g 정도, 5cm 내외) 2개, 청주 50㎖, 건다시마(5×10cm) 1장, 소금(정제염) 5g, 레몬 1/4개, 쑥갓 20g, 배추 50g, 대파(흰 부분 15cm) 1토막, 당근(둥근 모양으로 잘라서 지급) 60g, 무 70g, 판두부 50g, 생표고버섯 20g, 죽순 20g, 진간장 30㎖, 식초 30㎖, 고춧가루(고운 것) 2g, 실파(1뿌리) 20g

만드는 법

❶ 백합조개를 물 2컵에 소금 조금 넣어서 용해시켜 해감한 후 쑥갓은 찬물에 담가두고 행주로 받쳐서 데바칼로 밑쪽 눈을 떼어낸다.

❷ 냄비에 물 2~3컵 정도 붓고 다시마를 넣고 곤부다시를 낸다.

❸ 무와 은행잎은 성형하고 당근은 매화모양으로 만들고 실파는 0.5cm로 썰어서 찬물에 담가놓고 끓는 물에 당근, 무, 당근채, 배추잎, 죽순을 데쳐서 찬물에 담가둔다.

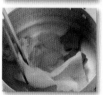

❹ 무는 강판에 갈고 아까오로시를 만들어 양념을 준비해 둔다.

❺ 다시물, 간장, 식초를 비율 1:1:1로 넣어서 폰즈를 만든다.

❻ 표고버섯은 별모양으로 내고 대파는 어슷썰기하고 두부는 2×2×3cm로 재단을 한다.

❼ 완성된 접시에 레몬과 쑥갓을 제외한 재료를 냄비에 담아 달군 후 청주를 붓고 후람베한 다시물 1ts, 소금을 조금 넣고 혼합해서 접시에 골고루 뿌려준다.

❽ 완성된 접시 위에 해동지로 감싸고 뜨거운 찜통에 넣고 4분 정도 찌고 냄비 뚜껑을 열고 꺼낸 후 해동지를 펼쳐서 조개 관자를 분리하고 조개껍질 사이에 레몬을 끼운 뒤 뚜껑을 덮고 쑥갓으로 예쁘게 장식하여 폰즈와 야꾸미를 곁들여 낸다.

🎩 Tip

- 대합은 소금물에 담가서 해감한 후 입이 벌어지는 것을 방지하기 위해 눈을 딴다.
- 대합은 오래 찌면 질겨지기 때문에 장시간 동안 찌지 않도록 한다.
- 국물을 만들 때 오래 끓이면 색깔이 우러나오고 색이 나빠지기 때문에 끓자마자 다시마를 건져내고 약한 불에서 끓여낸다.
- 폰즈를 만들 때 절대 끓이지 않는다.
- 냄비 뚜껑에 모인 수증기가 물방울이 되어 떨어지므로 방지하기 위해 내용물의 그릇에 뚜껑이나 호일, 랩 등을 씌워서 찌도록 한다.

도미술찜
たいの酒むし | 다이노 사케무시

요구사항

※ 주어진 재료를 사용하여 다음과 같이 도미술찜을 만드시오.

㉮ 머리는 반으로 자르고, 몸통은 세 장 뜨기 하시오.

㉯ 손질한 도미살을 5~6cm 정도 자르고 소금을 뿌려, 머리와 꼬리는 데친 후 불순물을 제거하시오.

㉰ 곁들일 채소를 삶거나 데쳐서 적합한 크기로 자르시오.

㉱ 다시(국물)를 만들어 놓으시오.

㉲ 양념초와 양념을 만들어 내시오.

유의사항

㉮ 도미에는 가시가 없도록 한다.

㉯ 다시(국물)과 술을 적당량 혼합하여 찐다.

㉰ 다시(국물)를 만들고 술의 알코올을 제거하여야 된다.

㉱ 조리작품 만드는 순서는 틀리지 않게 하여야 한다.

㉲ 숙련된 기능으로 맛을 내야 하므로 조리작업 시 음식의 맛을 보지 않는다.

⑪ **채점대상에서 제외되는 경우**

– 시험시간 내에 과제 두 가지를 제출하지 못한 경우 : 미완성

– 시험시간 내에 제출된 과제라도 다음과 같은 경우
  - 문제의 요구사항대로 작품의 수량이 만들어지지 않은 경우: 미완성
  - 해당과제의 지급재료 이외의 재료를 사용한 경우 : 오작
  - 구이를 찜으로 조리하는 등과 같이 조리방법을 다르게 만든 경우 : 오작
  - 불을 사용하여 만든 조리작품이 작품특성에 벗어나는 정도로 타거나 익지 않은 경우 : 실격
  - 가스레인지 화구를 2개 이상 사용한 경우 : 실격
  - 시험 중 시설·장비(칼, 가스레인지 등) 사용 시 감독위원 및 타 수험자의 시험 진행에 위협이 될 것으로 감독위원 전원이 합의하여 판단한 경우 : 실격

지급재료

도미(200~250g) 1마리, 배추 50g, 당근(둥근 모양으로 잘라서 지급) 60g, 무 50g, 판두부 50g, 생표고버섯(1개) 20g, 죽순 20g, 쑥갓 20g, 레몬 1/4개, 청주 30㎖, 건다시마(5×10cm) 1장, 진간장 30㎖, 식초 30㎖, 고춧가루(고운 것) 2g, 실파(1뿌리) 20g, 소금(정제염) 5g

만드는 법

❶ 냄비에 물 2~3컵 정도 붓고 다시마를 넣고 곤부다시를 낸다.

❷ 도미 비늘과 가시를 제거 후 배쪽을 갈라 내장을 제거한 후 머리와 몸통을 분리하여 도미머리를 정확히 반을 갈라서 소금을 뿌려서 준비하고 몸통 중간에 뼈를 중심으로 세 장 포 뜨기하여 지느러미 등을 다듬고 통째로 소금을 뿌려 둔다.

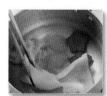

❸ 냄비이 물을 끓이면서 당근매화꽃, 무은행잎을 조각한 후 물에 넣고 배추와 함께 데친 후 찬물에 담가 놓는다.

❹ 도미머리와 꼬리를 냄비에 넣어서 데친 후 도미살이 너무 익지 않도록 하고 실파는 0.5cm로 썰어서 찬물에 담가두고 두부와 표고버섯은 별모양 칼집을 내어 손질한다.

❺ 완성된 접시에 도미머리, 야채, 꼬리, 살을 놓고 쑥갓과 레몬은 나중에 놓는다.

❻ 냄비에 달군 후 청주 3ts를 붓고 후람베한 후 다시물 1ts, 소금을 조금 넣고 혼합해서 접시에 골고루 뿌려준다.

❼ 완성된 접시 위를 해동지로 감싸고 뜨거운 찜통에 넣어 4분 정도 찌고 냄비 뚜껑을 열고 꺼낸 후 해동지를 펼쳐서 조개 관자를 분리하고 조개껍질 사이에 레몬을 끼우고 뚜껑을 덮고 쑥갓으로 예쁘게 장식하여 폰즈와 야꾸미를 곁들여 낸다.

Tip

- 도미의 뼈와 가시를 잘 제거해서 사용한다.
- 무 도미를 그릇에 담을 때 껍질이 위로 오도록 한다.
- 통조림 죽순의 흰 석회질은 가공과정에서 죽순에 들어 있는 단백질, 키틴질, 아미노산, 전분 등이 티 톡신과 결합해서 생긴 것이다. 따라서 보관하기 힘들어 통조림에 든 죽순을 사용하는 경우가 많기 때문에 이때 죽순의 석회질을 반드시 씻어낸 후에 사용하는 것이 좋다.
- 찜을 찔 때에는 찜통의 물이 끓을 때 찜을 시작하고 물을 보충 시 뜨거운 물을 붓는다.
- 도미술찜은 도미의 손질, 무. 당근. 배추말이, 찜하는 방법 등에 중점을 두어야 한다.

달걀말이
だしまきたまご | 다시마끼 다마고

25분

요구사항

※ 주어진 재료를 사용하여 다음과 같이 달걀말이를 만드시오.

㉮ 달걀과 가다랑어국물(가쓰오다시), 소금, 설탕, 맛술(미림)을 섞은 후 가는 체에 거르시오.

㉯ 젓가락을 사용하여 달걀말이를 한 후 김발을 이용하여 사각 모양을 만드시오.

㉰ 길이 8cm, 높이 2.5cm, 두께 1cm 정도로 썰어 8개를 만들고, 완성되었을 때 틈새가 없도록 하시오.

㉱ 달걀말이(다시마끼)와 간장무즙을 접시에 보기 좋게 담아내시오.

유의사항

㉮ 달걀을 말 때 주걱이나 손을 사용할 경우는 감점 처리한다.

㉯ 조리작품 만드는 순서는 틀리지 않게 하여야 한다.

㉰ 숙련된 기능으로 맛을 내야 하므로 조리작업 시 음식의 맛을 보지 않는다.

㉲ 채점대상에서 제외되는 경우

– 시험시간 내에 과제 두 가지를 제출하지 못한 경우 : 미완성

– 시험시간 내에 제출된 과제라도 다음과 같은 경우

• 문제의 요구사항대로 작품의 수량이 만들어지지 않은 경우 : 미완성

• 해당과제의 지급재료 이외의 재료를 사용한 경우 : 오작

• 구이를 찜으로 조리하는 등과 같이 조리방법을 다르게 만든 경우 : 오작

• 불을 사용하여 만든 조리작품이 작품특성에 벗어나는 정도로 타거나 익지 않은 경우 : 실격

• 가스레인지 화구를 2개 이상 사용한 경우 : 실격

• 시험 중 시설·장비(칼, 가스레인지 등) 사용 시 감독위원 및 타 수험자의 시험 진행에 위협이 될 것으로 감독위원 전원이 합의하여 판단한 경우 : 실격

지급재료

달걀 6개, 백설탕 20g, 건다시마(5×10cm) 1장, 소금(정제염) 10g, 식용유 50㎖, 가다랑어포(가쓰오부시) 10g, 맛술(미림) 20㎖, 무 100g, 진간장 30㎖, 청차조기 잎(시소, 깻잎으로 대체 가능) 2장

만드는 법

❶ 물 2컵을 냄비에 붓고 가쓰오부시와 다시마를 사용해서 가쓰오다시를 뽑는다.

❷ 가쓰오다시 150cc, 소금 1ts, 진간장 1ts, 설탕 1ts, 맛술 2ts을 넣어 녹인 후 계란을 충분히 풀어놓는다.

❸ 무를 강판에 갈아서 헹군 후 간장을 첨가하여 간장무즙을 만든다.

❹ 사각팬을 달군 후 길이 8cm, 높이 2.5cm, 두께 1cm 정도로 계란말이를 한 후 도마에 김발을 깔고 네모로 각을 잡은 후 8개를 잘라 완성한다.

❺ 완성접시에 깻잎을 놓고 계란말이와 무즙간장을 곁들여 낸다.

Tip

- 무는 강판에 갈아서 찬물에 한두 번 씻어준 후 물기를 완전히 제거한다.
- 사각팬을 달라붙지 않도록 기름으로 코팅을 잘 해야 한다.
- 달걀말이는 절대 타지 않도록 한다.
- 달걀을 말 때 대나무젓가락만을 사용해야 한다.

밥류조리

분류번호	1301010412_16v3
능력단위 명칭	일식 밥류조리
능력단위 정의	일식 밥류조리는 식사로서 사용되는 녹차밥, 덮밥류, 죽류를 조리할 수 있는 능력이다.

능력단위요소	수행준거
1301010412_16v3.1 밥 짓기	1.1 쌀을 씻어 불릴 수 있다. 1.2 조리법(밥, 죽)에 맞게 물을 조절할 수 있다. 1.3 밥을 지어 뜸들이기를 할 수 있다.
	지식 · 곡류의 종류와 특성 · 밥 씻기(조우스이) 조리법 · 쌀의 종류와 용도 · 쌀 씻기(오카유) 조리법 · 전분의 호화도 · 조리기구의 종류와 사용법
	기술 · 쌀의 선별 능력 · 물의 비율 조절하는 능력 · 밥 짓기 조리기술
	태도 · 반복 훈련 태도 · 안전 수칙 준수 태도 · 위생 관리 태도 · 조리도구 청결 관리 태도
1301010412_16v3.2 녹차밥 조리하기	2.1 녹차 맛국물을 낼 수 있다. 2.2 메뉴에 맞게 기물선택을 할 수 있다. 2.3 밥에 맛국물을 넣고 고명을 선택할 수 있다.

능력단위요소	수행준거
1301010412_16v3.2 녹차밥 조리하기	**지식** · 고명의 종류와 용도별 특성 · 기물의 종류와 사용법 · 다시의 종류와 특성 · 차의 종류
	기술 · 고명조리기술 · 기물선택능력 · 녹차 맛국물 조리능력 · 밥 짓기 조리기술 · 온도 조절 능력
	태도 · 반복 훈련 태도 · 안전 수칙 준수 태도 · 위생 관리 태도 · 조리도구 청결 관리 태도
1301010412_16v3.3 덮밥류 조리하기	3.1 맛국물을 만들 수 있다. 3.2 맛국물에 튀기거나 익힌 재료를 넣고 조리할 수 있다. 3.3 밥 위에 조리된 재료를 놓고 고명을 곁들일 수 있다.
	지식 · 고명의 종류와 특성 · 곡류의 종류와 특성 · 쌀의 종류와 용도 · 식재료 종류와 특성 · 전분의 호화도 · 조리기구의 종류와 사용 · 조미료와 향신료의 특성
	기술 · 고명조리기술 · 밥 짓기 조리기술 · 식재료 손질 능력 · 식재료 조리 능력 · 쌀의 선별 능력

능력단위요소	수행준거
1301010412_16v3.3 덮밥류 조리하기	**태도** · 반복 훈련 태도 · 안전 수칙 준수 태도 · 위생 관리 태도 · 조리도구 청결 관리 태도
1301010412_16v3.4 죽류 조리하기	4.1 맛국물을 낼 수 있다. 4.2 용도(쌀, 밥)에 맞게 주재료를 조리할 수 있다. 4.3 주재료와 부재료를 사용하여 죽을 조리할 수 있다.
	지식 · 곡류의 종류와 특성 · 맛국물재료의 종류 및 성분 · 멥쌀과 찹쌀의 용도별 특성 · 쌀 씻기(오카유) 조리법 · 전분의 성질 · 죽 조리기구의 종류와 사용법 · 죽의 종류와 조리법 · 참기름과 달걀의 용도
	기술 · 맛국물 조리기술 · 맛국물재료의 선별 능력 · 불 조절 능력 · 쌀과 밥 씻는 기술 · 조리시간 조절 능력 · 죽 농도 조절 능력 · 죽의 맛국물 조절 능력
	태도 · 반복 훈련 태도 · 안전 수칙 준수 태도 · 위생 관리 태도 · 조리도구 청결 관리 태도

적용범위 및 작업 상황

⊙ 고려사항

- 이 능력단위에는 다음 범위가 포함된다.
  - 쌀 또는 다른 곡류가 들어간 잡곡밥
  - 덮밥류(규동, 덴동, 카츠동)
  - 차덮밥(오차즈케, 연어차즈케, 매실, 김)
- 쌀은 밥짓기 1시간에 전에 불려 체에 밭쳐 놓는다.
- 녹차 맛국물은 녹차물과 맛국물을 1:1, 또는 비율에 맞게 조합하는 것을 말한다.
- 녹차밥의 고명은 김, 깨, 와사비 등을 말한다.
- 고명이라 함은 메뉴에 따라 먹기 좋게 장식하는 것을 말한다.
- 덮밥 맛국물에는 다시마국물, 가다랑어포 국물이 포함된다.
- 덮밥용 맛국물 만들기
  - 다시물에 간장, 설탕, 맛술로 조미하여 맛국물을 만든다.
  - 덮밥은 맛국물의 농도를 비교적 진하게 맞춰서 다른 찬 없이 식사를 할 수 있도록 한다.
  - 때로는 장어덮밥처럼 맛국물이 없이 진한 소스(타레)로 조리하여 덮밥을 만드는 경우도 있다.
- 맛국물에 튀기거나 익힌 재료는 다시마국물이나 가다랑어포 국물에 데치거나, 다시마국물이나 가다랑어포 국물에 익힌 재료를 넣고 덮밥을 만들 수 있다는 것을 말한다.
- 덮밥의 종류
  - 오야코돈(親子どん)부리 : 닭고기와 파 등을 양념으로 해서 삶아 달걀을 얹은 것
  - 덴돈(天どん)부리 : 밥에 덴푸라 등을 얹어 양념에 찍어먹는 것
  - 가이카돈(開花どん)부리 : 쇠고기 혹은 돼지고기에 양파를 넣고 달걀로 양념하여 밥 위에 얹은 것이라는 이름의 유래는 문명 개화기에 들어온 양파를 사용한 음식이기 때문
  - 다마돈(玉どん)부리 : 파 등을 달걀에 섞어 쪄서 밥 위에 얹은 것
  - 우나기돈(鰻どん)부리 : 밥 위에 양념한 우나기를 얹은 것
  - 가레돈(カレどん)부리 : 쇠고기나 채소를 카레가루에 양념하여 삶은 후 밥에 얹은 것
  - 가루비돈(カルビどん)부리 : 밥 위에 갈비 불고기를 얹은 것
  - 고노하돈(木の葉どん)부리 : 튀김과 어묵을 달걀로 양념해서 밥 위에 얹은 것
  - 뎃카돈(鐵火どん)부리 : 초밥에 참치회를 얹어 와사비를 첨가한 돈부리로서, 간장에 찍어 취식
  - 다닝돈(他人どん)부리 : 돼지고기나 쇠고기를 달걀에 섞어 찐 후 밥 위에 얹음

- 가키아게돈(かきあげどん)부리 : 가키아게(조개, 새우, 채소 튀김)를 밥 위에 얹어 양념에 찍어 먹는 것
- 시지미돈(しじみどん)부리 : 바지라기(가막조개)를 익힌 후 밥 위에 얹어 먹는 것
- 교다이돈(兄弟どん)부리 : 뱀장어와 미꾸라지를 달걀에 섞어 익힌 후, 밥 위에 얹은 것

- 죽 맛국물에는 가다랑어포 맛국물, 다시마맛국물 등이 포함된다.
- 이 능력단위는 다음과 같은 작업상황이 필요하다.
  - 밥 씻기(조우스이)
  - 쌀 씻기(오카유)
  - 죽의 농도 조절 방법
  - 불 조절 방법

⊙ 자료 및 관련 서류
  - 일식 전문 서적/식품위생법규/조리원리 관련 전문서적/식품영양 관련 전문서적
  - 식품재료 원가, 구매, 저장 관련 전문서적/식품가공 관련 전문서적/조리도구 서적
  - 조리도구 관리목록/식품위생/산업재해법 내의 안전관리/안전관리수칙
  - 메뉴별 조리 레시피/조리 매뉴얼과 당일 조리목록

⊙ 장비 및 도구
  - 칼, 도마, 계량저울, 계량컵, 계량스푼, 조리용 젓가락, 온도계, 체, 조리용 집게, 강판, 조리용기, 나무주걱, 김통 등
  - 조리용 화구와 가열 도구, 냉장고 등
  - 조리복, 조리모, 앞치마, 조리안전화, 위생행주, 분리수거용 봉투 등
  - 덮밥용 냄비, 덮밥용 그릇, 국자, 젓가락 등
  - 밥그릇, 죽 그릇

⊙ 재료
  - 생선, 어패류, 육류, 채소류, 버섯류, 달걀
  - 쌀, 밥
  - 건다시마, 가다랑어포, 실파, 미나리, 김, 은행 등
  - 소금, 고추냉이, 맛술, 청주, 간장, 된장, 참기름 등

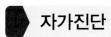

자가진단

| 1301010412_16v3 | | 일식 밥류조리 | | | | |

진단영역	진단문항	매우 미흡	미흡	보통	우수	매우 우수
밥 짓기	1. 나는 쌀을 씻어 불릴 수 있다.	①	②	③	④	⑤
	2. 나는 조리법(밥, 죽)에 맞게 물을 조절할 수 있다.	①	②	③	④	⑤
	3. 나는 밥을 지어 뜸들이기를 할 수 있다.	①	②	③	④	⑤
(녹차) 밥 조리하기	1. 나는 맛국물을 낼 수 있다.	①	②	③	④	⑤
	2. 나는 메뉴에 맞게 기물선택을 할 수 있다.	①	②	③	④	⑤
	3. 나는 밥에 맛국물을 넣고 고명을 선택할 수 있다.	①	②	③	④	⑤
덮밥소스 조리하기	1. 나는 덮밥용 맛국물을 만들 수 있다.	①	②	③	④	⑤
	2. 나는 덮밥용 양념간장을 만들 수 있다.	①	②	③	④	⑤
	3. 나는 덮밥재료에 따른 소스를 조리하여 덮밥을 만들 수 있다.	①	②	③	④	⑤
덮밥류 조리하기	1. 나는 덮밥의 재료를 용도에 맞게 손질할 수 있다.	①	②	③	④	⑤
	2. 나는 맛국물에 튀기거나 익힌 재료를 넣고 조리할 수 있다.	①	②	③	④	⑤
	3. 나는 밥 위에 조리된 재료를 놓고 고명을 곁들일 수 있다.	①	②	③	④	⑤
죽류 조리하기	1. 나는 맛국물을 낼 수 있다.	①	②	③	④	⑤
	2. 나는 용도(쌀, 밥)에 맞게 주재료를 조리할 수 있다.	①	②	③	④	⑤
	3. 나는 주재료와 부재료를 사용하여 죽을 조리할 수 있다.	①	②	③	④	⑤

진단결과

진단영역	문항 수	점 수	점수 ÷ 문항 수
밥 짓기	3		
(녹차) 밥 조리하기	3		
덮밥소스 조리하기	3		
덮밥류 조리하기	3		
죽류 조리하기	3		
합계	15		

※ 자신의 점수를 문항 수로 나눈 값이 '3점' 이하에 해당하는 영역은 업무를 성공적으로 수행하는 데 요구되는 능력이 부족한 것으로 교육훈련이나 개인학습을 통한 개발이 필요함.

참치김초밥
てっかまき | 뎃까마끼

요구사항

※ 주어진 재료를 사용하여 **참치김초밥을 만드시오.**

㉮ 김을 반장으로 자르시오.

㉯ 참치를 김 길이에 맞춰 자르시오.

㉰ 와사비와 초생강을 준비하시오.

㉱ 초밥을 만들어 김말이 준비를 하시오.

㉲ 초밥은 12개를 만들어 내시오.

㉳ 간장을 곁들여 제출하시오.

유의사항

㉮ 냉동 참치는 소금물에 반 정도 녹여 행주에 싸서 해
   동시킨다.

㉯ 김을 눅눅하지 않게 보관하고 구워지지 않은 김은
   한번 구이한다.

㉰ 조리작품 만드는 순서는 틀리지 않게 하여야 한다.

㉱ 숙련된 기능으로 맛을 내야 하므로 조리작업 시 음식
   의 맛을 보지 않는다.

㉴ 채점대상에서 제외되는 경우

– 시험시간 내에 과제 두 가지를 제출하지 못
  한 경우 : 미완성

– 시험시간 내에 제출된 과제라도 다음과 같은 경우

• 문제의 요구사항대로 작품의 수량이 만들어
  지지 않은 경우 : 미완성

• 해당과제의 지급재료 이외의 재료를 사용한
  경우 : 오작

• 구이를 찜으로 조리하는 등과 같이 조리방법
  을 다르게 만든 경우 : 오작

• 불을 사용하여 만든 조리작품이 작품특성에 벗
  어나는 정도로 타거나 익지 않은 경우 : 실격

• 가스레인지 화구를 2개 이상 사용한 경우 : 실격

• 시험 중 시설 · 장비(칼, 가스레인지 등) 사용
  시 감독위원 및 타 수험자의 시험 진행에 위
  협이 될 것으로 감독위원 전원이 합의하여
  판단한 경우 : 실격

지급재료

붉은색 참치살(아까미) 100g, 고추냉이(와사비) 15g, 청차조기잎(시소, 깻잎으로 대체 가능) 1장, 김(초밥김) 1장, 밥(뜨거운 밥) 120g, 통생강 20g, 식초 70㎖, 백설탕 50g, 소금(정제염) 20g, 진간장 10㎖

만드는 법

❶ 참치를 해동지에 잘 감싸두고 밥은 식지 않도록 젖은 면포를 덮어두고 깻잎은 찬물에 담가놓는다.

❷ 식초 3, 설탕 2, 소금 1ts에 녹여서 뜨거운 밥에 배합을 잘 한다.

❸ 생강은 얇게 편으로 썬 후 끓는 물에 데치고 수분을 제거 후 와사비를 찬물에 개어준다.

❹ 삶은 생강을 배합초에 담가두고 김을 살짝 구워 짧은 방향을 반 갈라 준비한다.

❺ 구운 김에다 밥을 깔고 1.5cm 정도 남겨두고 얇게 펼쳐 올린다.

❻ 밥 가운데에 와사비를 찍어서 길게 바른 후 참치를 놓고 김발을 만다.

❼ 참치김초밥을 2개 만들어서 각각 6개를 썰어서 접시에 깻잎을 깔고 올린다.

❽ 완성된 참치김초밥과 초생강을 꽃모양으로 접어서 놓고 간장 1ts 담아서 함께 제출한다.

Tip

- 배합초는 한번에 넣지 말고 조금씩 보면서 버무린다.
- 배합초를 밥을 버무릴 때 밥알이 부서지지 않도록 하고 눌려서 딱딱해지지 않게 한다.
- 김을 구울 때 너무 많이 구우면 안 되고 적당히 구워 밥을 넣고 말 때 오그라지지 않도록 한다.
- 참치보다 밥 양이 많아 김밥이 터지지 않도록 한다.
- 참치김초밥은 손질과정 때 와사비의 갠 정도에 유의하고 참치 속재료가 중앙(센터)에 오도록 말아야 한다.
- 시험장에서 김이 1장 주어지는데 이것을 1/2장으로 잘라 2줄을 만든다.

김초밥
まきすし | 마끼스시

요구사항

※ 주어진 재료를 사용하여 다음과 같이 김초밥을 만드시오.

㉮ 박고지, 달걀말이, 오이 등 김초밥 속재료를 만드시오.

㉯ 초밥초를 만들어 밥에 간하여 식히시오.

㉰ 김초밥을 일정한 두께로 마시오.

㉱ 크기를 똑같이 8~10등분하여 담으시오.

㉲ 간장을 곁들여 제출하시오.

유의사항

㉮ 박고지는 뜨거운 물에 담근 다음 잘 씻어야 한다.

㉯ 각 재료를 조리고, 소금에 절이고, 달걀말이 한다.

㉰ 김과 김발을 사용하여 말이를 하고 초생강을 준비한다.

㉱ 조리작품 만드는 순서는 틀리지 않게 하여야 한다.

㉲ 숙련된 기능으로 맛을 내야 하므로 조리작업 시 음식의 맛을 보지 않는다.

 채점대상에서 제외되는 경우

– 시험시간 내에 과제 두 가지를 제출하지 못한 경우 : 미완성

– 시험시간 내에 제출된 과제라도 다음과 같은 경우

• 문제의 요구사항대로 작품의 수량이 만들어지지 않은 경우: 미완성

• 해당과제의 지급재료 이외의 재료를 사용한 경우 : 오작

• 구이를 찜으로 조리하는 등과 같이 조리방법을 다르게 만든 경우 : 오작

• 불을 사용하여 만든 조리작품이 작품특성에 벗어나는 정도로 타거나 익지 않은 경우 : 실격

• 가스레인지 화구를 2개 이상 사용한 경우 : 실격

• 시험 중 시설 · 장비(칼, 가스레인지 등) 사용 시 감독위원 및 타 수험자의 시험 진행에 위협이 될 것으로 감독위원 전원이 합의하여 판단한 경우 : 실격

지급재료

김(초밥김) 1장, 밥(뜨거운 밥) 200g, 달걀 2개, 박고지 10g, 통생강 30g, 청차
조기잎(시소, 깻잎으로 대체 가능) 1장, 오이(가늘고 곧은 것, 20cm 정도) 1/4개,
오보로 10g, 식초 70㎖, 백설탕 50g, 소금(정제염) 20g, 식용유 10㎖, 진간장 20㎖,
맛술(미림) 10㎖

만드는 법

❶ 냄비에 식초 3, 설탕 2, 소금 1ts에 녹여서 배합초를 준비하고 뜨거운 밥을 한
다음 적당량 배합을 한다.

❷ 오이는 껍질 쪽을 손질해서 소금을 뿌려서 절이고 끓이는 냄비에 박고지와
얇게 저민 생강을 함께 삶는다.

❸ 냄비에 박고지조림을 하고 삶은 생강을 배합초에 담가놓고 계란말이팬에 달
걀 2개, 다시 75cc, 소금 1/2, 간장 1/2, 미림 5cc, 설탕 15cc를 혼합해서 말고
김발로 탄탄하게 눌러준 다음 1.5cm 두께로 김 길이에 맞춰서 썰어 놓는다.

❹ 김을 구운 김발에 놓고 그 위에 반장을 겹쳐서 밥을 담고 오보로, 박고지. 계
란말이 등의 속재료를 넣고 직사각형 모양으로 말아준다.

❺ 완성된 접시에 깻잎을 놓고 김초밥 8개를 담고 초생강을 꽃모양으로 접어서
곁들이고 간장을 1ts 담아 제출한다.

 Tip

• 박고지는 박의 껍질을 벗긴 다음 속살을 얇고 길게 썰어 말린 것으로 보관하기 위해 화학성분을
사용했기 때문에 반드시 불린 후 깨끗하게 물에 씻은 후 조리하며 간이 배도록 많이 조린다.

• 김은 물기 없이 잘 보관하고 구운 김의 비린 맛을 제거할 수 있고 초밥을 말 때 김이 오그라지지 않
도록 주의한다.

• 밥이 눌리면 안 되므로 너무 단단하게 말지 않도록 하고 속재료가 중앙에 오도록 잘 말아야 한다.

• 김초밥은 자를 때 물기가 있으므로 단면이 깨끗하게 잘리도록 한다.

쇠고기덮밥

牛肉のどんぶり | 규니꾸노 돈부리

요구사항

※ 주어진 재료를 사용하여 다음과 같이 쇠고기덮밥을 만드시오.

㉮ 덮밥용 양념간장(돈부리다시)을 만들어 사용하시오.

㉯ 고기, 채소, 달걀은 재료 특성에 맞게 조리하여 준비한 밥 위에 올려놓으시오.

㉰ 김을 구워 잘게 썰어(하리노리) 사용하시오.

유의사항

㉮ 채소는 너무 익히지 않도록 유의한다.

㉯ 덮밥용 국물의 양에 유의한다.

㉰ 조리작품 만드는 순서는 틀리지 않게 하여야 한다.

㉱ 숙련된 기능으로 맛을 내야 하므로 조리작업 시 음식의 맛을 보지 않는다.

㉲ 채점대상에서 제외되는 경우

　　– 시험시간 내에 과제 두 가지를 제출하지 못한 경우 : 미완성

– 시험시간 내에 제출된 과제라도 다음과 같은 경우

• 문제의 요구사항대로 작품의 수량이 만들어지지 않은 경우 : 미완성

• 해당과제의 지급재료 이외의 재료를 사용한 경우 : 오작

• 구이를 찜으로 조리하는 등과 같이 조리방법을 다르게 만든 경우 : 오작

• 불을 사용하여 만든 조리작품이 작품특성에 벗어나는 정도로 타거나 익지 않은 경우 : 실격

• 가스레인지 화구를 2개 이상 사용한 경우 : 실격

• 시험 중 시설·장비(칼, 가스레인지 등) 사용 시 감독위원 및 타 수험자의 시험 진행에 위협이 될 것으로 감독위원 전원이 합의하여 판단한 경우 : 실격

지급재료

쇠고기(등심) 60g, 양파(중, 150g 정도) 50g, 실파(1뿌리) 20g, 팽이버섯 10g, 달걀 1개, 김 1/4장, 백설탕 10g, 진간장 15㎖, 건다시마(5×10cm) 1장, 맛술(미림) 15㎖, 소금(정제염) 2g, 밥(뜨거운 밥) 120g, 가다랑어포(가쓰오부시) 10g

만드는 법

❶ 지급된 밥은 젖은 면포에 잘 준비해 놓고 물 2컵을 넣고 가쓰오다시를 뽑도록 준비한다.

❷ 실파, 팽이버섯, 양파를 길이 5cm 정도 슬라이스(채 썰어)해 놓는다.

❸ 쇠고기의 핏물 제거 후 결 반대로 2cm 정도 포를 떠서 놓고 계란에 소금으로 간을 한 후 풀어서 놓는다.

❹ 가쓰오다시 1/2컵, 간장 2ts, 맛술 2ts, 설탕 2/3ts을 믹스하여 살짝 끓여 양념간장을 만든다.

❺ 작은 프라이팬에 양념간장을 부어주면서 양파를 익히고 쇠고기를 얹고 실파와 팽이버섯을 올리고 풀어놓은 계란물에 원을 그리며 바깥에서 안으로 부어주면 된다.

❻ 계란이 반 정도 익기 전에 완성된 접시에 담아놓은 밥 위에 살며시 놓으면서 밥이 안 보이도록 덮어준다.

❼ 김은 데바칼로 썰어서 덮밥 위에 얹어 놓는다.

Tip

• 센 불에서 빨리 끓이면 맛과 향이 없어지므로 약한 불에서 끓이는데 너무 오래 끓이면 안 된다.
• 쇠고기 손질 시 기름이나 힘줄은 제거하고 연한 부위를 사용한다.
• 완성그릇에 담았을 때 국물이 많지 않도록 하고 다시는 촉촉한 정도의 양이 적당하다.
• 양파, 실파, 팽이버섯은 너무 무르지 않도록 한다.
• 달걀은 반숙으로 익히고 김은 잘 구워 칼로 얇게 채를 썬다.
• 쇠고기덮밥은 시험장에서 중요한 부분은 재료의 끓이는 방법과 계란이 완전히 익지 않도록 하는 것이다.

분류번호	1301010402_16v3
능력단위 명칭	일식 초회조리
능력단위 정의	일식 초회조리는 기초 손질한 식재료에 혼합초를 이용하여 식욕촉진제 역할을 할 수 있게 초회를 조리할 수 있는 능력이다.

능력단위요소	수행준거
1301010402_16v3.1 초회재료 준비하기	1.1 식재료를 기초손질할 수 있다. 1.2 혼합초 재료를 준비할 수 있다. 1.3 곁들임 양념을 준비할 수 있다.
	지식 · 생선, 어패류 특성 · 식재료 종류, 특성 · 조리용 칼의 종류 및 용도
	기술 · 생선, 어패류, 기초손질능력 · 생선, 어패류 처리기술 · 생선, 어패류 썰기 능력
	태도 · 반복 훈련 태도 · 안전 수칙 준수 · 위생 관리 태도 · 조리도구 청결 관리 태도
1301010402_16v3.2 초회 조리하기	2.1 녹차 맛국물을 낼 수 있다. 2.2 메뉴에 맞게 기물선택을 할 수 있다. 2.3 밥에 맛국물을 넣고 고명을 선택할 수 있다.
	지식 · 생선, 어패류의 특성 · 양념의 종류별 특징 · 초간장 재료

능력단위요소	수행준거
1301010402_16v3.2 초회 조리하기	**기술** · 재료의 배합비율 조절능력 · 종류별 사용 능력 · 초간장과 양념(야쿠미)의 혼합 비율 조절 능력
	태도 · 반복 훈련 태도 · 안전 수칙 준수 태도 · 위생 관리 태도 · 조리도구 청결 관리 태도
1301010402_16v3.3 초회 담기	3.1 용도에 맞는 기물을 선택할 수 있다. 3.2 제공 직전에 무쳐낼 수 있다. 3.3 색상에 맞게 담아낼 수 있다.
	지식 · 양념의 종류별 특징 · 어패류 특성 · 일식 기물의 종류
	기술 · 기물선별 능력 · 어패류 무쳐 담는 능력 · 재료의 배합 비율 조절 능력
	태도 · 반복 훈련 태도 · 안전 수칙 준수 태도 · 위생 관리 태도 · 조리도구 청결 관리 태도

적용범위 및 작업 상황

◉ 고려사항

- 이 능력단위에는 다음 범위가 포함된다.
  - 식초를 통해 절임하는 초회류
  - 각종 해조류 무침
  - 문어초회, 해삼초회, 모둠초회, 껍질초회

- 초회 준비하기 중 식재료의 기초손질에는 다음 사항이 포함된다.
  - 생선, 어패류는 여분의 수분과 비린내를 없애기 위해 소금을 사용
  - 채소류는 소금에 주무르든지 소금물에 절여서 사용
  - 불순물이 강한 것은 물이나 식초물에 씻어낸다.
- 초회 조리 시 전처리에는 다음 사항이 포함된다.
  - 소금에 살짝 절이거나 소금물에 씻어내기
  - 식초에 절이거나 씻어내기
  - 삶거나 데쳐내거나, 살짝 구워내기, 볶아내기
  - 건조된 재료는 물에 불려 사용
- 혼합초에는 다음 사항이 포함된다.
  - 이배초(니바이즈), 삼배초(삼바이즈)
  - 폰즈, 단초(아마즈), 도사초(도사즈), 남방초(남방즈), 매실초(바이니쿠즈)
  - 깨식초, 생강식초, 사과식초, 겨자식초, 난황식초, 산초식초, 고추냉이식초
- 용도에 맞는 기물선택 설명
  - 일본요리의 기본 중 계절감에 어울리는 기물을 선택한다.
  - 화려한 기물은 주요리를 어둡게 만들기 때문에 지양한다.
  - 3, 5, 7, 9 등 홀수로 기물을 선택
  - 작은 접시를 주로 사용함

⊙ 자료 및 관련 서류
  - 일식 전문 서적/식품위생법규/조리원리 전문서적/식품영양 전문서적
  - 식품재료 원가, 구매, 저장 전문서적/식품가공 전문서적/조리도구 서적
  - 조리도구 관리목록/식품위생/산업재해법 내의 안전관리/안전관리수칙
  - 메뉴별 조리 레시피

⊙ 장비 및 도구
  - 칼, 도마, 계량컵, 계량스푼, 계량저울, 조리용 젓가락, 온도계, 염도계, 체, 조리용 집게, 타이머 등
  - 조리용 화구와 가열 도구, 냉장고 등
  - 조리복, 조리모, 앞치마, 조리안전화, 위생행주, 분리수거용 봉투 등

⊙ 재료
  - 생선: 어패류, 갑각류 등
  - 가다랑어포, 건다시마, 미역, 해초류 등
  - 간장, 된장, 맛술, 청주, 식초, 소금, 홍고추, 고춧가루, 겨자, 설탕, 참깨 등
  - 무, 무순, 실파, 레몬이나 유자, 차조기 잎(시소), 오이, 매실, 생강, 대파, 당근 등

자가진단

1301010402_16v3	일식 초회조리

진단영역	진단문항	매우 미흡	미흡	보통	우수	매우 우수
초회 재료 준비하기	1. 나는 식재료를 기초손질할 수 있다.	①	②	③	④	⑤
	2. 나는 혼합초 재료를 준비할 수 있다.	①	②	③	④	⑤
	3. 나는 곁들임 양념을 준비할 수 있다.	①	②	③	④	⑤
초회 조리하기	1. 나는 식재료를 전처리할 수 있다.	①	②	③	④	⑤
	2. 나는 혼합초를 만들 수 있다.	①	②	③	④	⑤
	3. 나는 식재료와 혼합초의 비율을 용도에 맞게 조리할 수 있다.	①	②	③	④	⑤
초회 담기	1. 나는 용도에 맞는 기물을 선택할 수 있다.	①	②	③	④	⑤
	2. 나는 제공 직전에 무쳐낼 수 있다.	①	②	③	④	⑤
	3. 나는 색상에 맞게 담아낼 수 있다.	①	②	③	④	⑤

진단결과

진단영역	문항 수	점수	점수 ÷ 문항 수
초회 재료 준비하기	3		
초회 조리하기	3		
초회 담기	3		
합계	9		

※ 자신의 점수를 문항 수로 나눈 값이 '3점' 이하에 해당하는 영역은 업무를 성공적으로 수행하는 데 요구되는 능력이 부족한 것으로 교육훈련이나 개인학습을 통한 개발이 필요함.

문어초회

たこの酢の物 | 다고노 스노모노

시험시간
20분

요구사항

※ 주어진 재료를 사용하여 다음과 같이 문어초회를 만드시오.

㉮ 가다랑어 국물을 만들어 양념초간장(도사스)을 만드시오.

㉯ 삶은 문어를 4~5cm 길이로 포를 떠서 사용하시오.

㉰ 미역은 손질하여 4~5cm 정도로 사용하시오.

㉱ 문어초회 접시에 오이와 문어를 담고 장식하시오.

유의사항

㉮ 오이를 용도에 맞게 손질하여 소금에 절여 사용한다.

㉯ 양념초간장(도사스)과 레몬을 준비해야 된다.

㉰ 접시에 재료를 담고 양념초간장(도사스)을 끼얹어 완성시켜 낸다.

㉱ 조리작품 만드는 순서는 틀리지 않게 하여야 한다.

㉲ 숙련된 기능으로 맛을 내야 하므로 조리작업 시 음식의 맛을 보지 않는다.

채점대상에서 제외되는 경우

– 시험시간 내에 과제 두 가지를 제출하지 못한 경우 : 미완성

– 시험시간 내에 제출된 과제라도 다음과 같은 경우
 • 문제의 요구사항대로 작품의 수량이 만들어지지 않은 경우 : 미완성
 • 해당과제의 지급재료 이외의 재료를 사용한 경우 : 오작
 • 구이를 찜으로 조리하는 등과 같이 조리방법을 다르게 만든 경우 : 오작
 • 불을 사용하여 만든 조리작품이 작품특성에 벗어나는 정도로 타거나 익지 않은 경우 : 실격
 • 가스레인지 화구를 2개 이상 사용한 경우 : 실격
 • 시험 중 시설·장비(칼, 가스레인지 등) 사용 시 감독위원 및 타 수험자의 시험 진행에 위협이 될 것으로 감독위원 전원이 합의하여 판단한 경우 : 실격

지급재료

문어 100g, 건미역 5g, 레몬 1/4개, 오이(가늘고 곧은 것, 20cm 정도) 1/2개, 소금(정제염) 10g, 식초 30㎖, 건다시마(5×10cm) 1장, 진간장 20㎖, 백설탕 10g, 가다랑어포(가쓰오부시) 5g

만드는 법

❶ 가쓰오부시를 이용해서 먼저 다시를 뽑으면서 미역을 찬물에 불려 놓는다.

❷ 오이 껍질을 돌출한 부분만 제거 후 오이 한쪽의 2/3 정도 깊으로 칼집을 넣고 돌려서 2/3 정도 깊이로 어슷하게 칼집을 넣은 후 소금물에 절여놓는다 (자바라규리라 한다).

❸ 가쓰오다시 3ts, 간장 1ts, 설탕 1ts로 녹인 후 식초 2ts을 마지막으로 넣고 도사스를 만든다.

❹ 끓이는 냄비물에 소금을 넣고 문어를 먼저 데친 후 미역을 살짝 데쳐 찬물에 담가둔다.

❺ 문어는 데치고 나서 자연적으로 식도록 꼬챙이에 끼워 놓는다.

❻ 절인 오이는 1.5cm 두께로 썰어 놓고 문어는 껍질을 제거하여 문어 빨판을 살리면서 포를 뜨고 미역은 줄기를 제거하고 3cm 정도로 썰어서 말아 준비한다.

❼ 완성된 접시에 오이를 비틀어서 놓고 미역, 문어도 담은 후 레몬 슬라이스로 장식하고 제출 전에 도사스를 골고루 뿌려준다.

 Tip

- 미역의 굵은 줄기는 제거하고 너무 오래 데치면 안 된다.
- 문어를 소금으로 문질러 닦을 때에는 빨판 중심으로 닦아준다.
- 자바라규리를 할 때는 2/3 정도 깊이를 유지하고 어슷하게 촘촘히 칼집을 넣는 것이 중요한 포인트라고 할 수 있다.
- 도사스는 폰즈와 달리 설탕이 잘 녹을 수 있도록 하고 너무 열을 가하면 안 된다.
- 문어를 자를 때 조금 넓게 4~5cm 정도 길이로 하여 파도물결 모양으로 자르는 것을 사자나미기리라 한다.
- 문어초회는 문어 포 뜨는 것, 미역 특히 오이의 손질법, 도사스 만드는 법에 중점을 두어야 한다.

해삼초회

なまこの酢の物 | 나마고노 스노모노

요구사항

※주어진 재료를 사용하여 다음과 같은 해삼초회를 만드시오.

㉮ 오이를 둥글게 썰거나 엇비슷(자바라)하게 얇게 썰어 사용하시오.

㉯ 미역을 손질하여 4∼5cm 정도로 써시오.

㉰ 해삼은 내장과 모래가 없도록 손질하고 힘줄(스지)을 제거하시오.

㉱ 빨간 무즙(아까오로시/모미지오로시)과 실파를 준비 하시오.

㉲ 양념초(폰즈)를 끼얹어 내시오.

유의사항

㉮ 조리작품 만드는 순서는 틀리지 않게 하여야 한다.

㉯ 숙련된 기능으로 맛을 내야 하므로 조리작업 시 음식 의 맛을 보지 않는다.

채점대상에서 제외되는 경우

– 시험시간 내에 과제 두 가지를 제출하지 못 한 경우 : 미완성

– 시험시간 내에 제출된 과제라도 다음과 같은 경우

• 문제의 요구사항대로 작품의 수량이 만들어 지지 않은 경우 : 미완성

• 해당과제의 지급재료 이외의 재료를 사용한 경우 : 오작

• 구이를 찜으로 조리하는 등과 같이 조리방법 을 다르게 만든 경우 : 오작

• 불을 사용하여 만든 조리작품이 작품특성에 벗 어나는 정도로 타거나 익지 않은 경우 : 실격

• 가스레인지 화구를 2개 이상 사용한 경우 : 실격

• 시험 중 시설 · 장비(칼, 가스레인지 등) 사용 시 감독위원 및 타 수험자의 시험 진행에 위 협이 될 것으로 감독위원 전원이 합의하여 판단한 경우 : 실격

지급재료

해삼(fresh) 100g, 오이(가늘고 곧은 것, 20cm 정도) 1/2개, 건미역 5g, 실파(1뿌리) 20g, 무 20g, 레몬 1/4개, 소금(정제염) 5g, 건다시마(5×10cm) 1장, 가다랑어포(가쓰오부시) 10g, 식초 15㎖, 진간장 15㎖, 고춧가루(고운 것) 5g

만드는 법

❶ 가쓰오부시를 이용해서 먼저 다시를 뽑으면서 미역을 찬물에 불려 놓는다.

❷ 오이 껍질을 돌출한 부분들만 제거한 후 오이 한쪽의 2/3 정도 깊이로 칼집을 넣고 돌려서 2/3 정도 깊이로 어슷하게 칼집을 넣은 후 소금물에 절여놓는다 (자바라규리라 한다).

❸ 그릇에 다시 1.5ts, 식초 1ts, 간장 1ts을 넣고 폰즈를 준비한다.

❹ 무는 강판에 갈아서 찬물에 무즙을 제거한 후 고운 고춧가루를 혼합하여 실파는 곱게 채 썰어서 찬물에 담가 매운맛을 제거한다.

❺ 냉동해삼의 경우에는 끓는 물에 살짝 데쳐서 찬물에 담가 놓는다.

❻ 해삼은 2.5cm로 썰어 놓는다. (생해삼의 경우에는 양쪽 끝을 조금 자르고 배쪽을 갈라 내장을 제거한다.)

❼ 완성된 접시에 오이를 비틀어서 놓고 미역, 해삼도 담은 후 레몬 슬라이스로 장식하고 제출 전에 폰즈를 골고루 뿌려주고 야꾸미(모미지오로시, 실파, 레몬)를 그릇 앞에 장식해서 제출한다.

Tip

- 해삼은 너무 크면 질기고 작으면 맛이 떨어진다.
- 손질한 해삼은 시간이 지나면 축 늘어져 있을 때에는 도마에 몇 번 치면 탄력이 생긴다.
- 야꾸미의 구성은 모미지오로시, 실파, 레몬의 세 가지로 구성된다.
- 해삼초회는 해삼 포 뜨는 것, 미역 특히 오이의 손질법, 폰즈 만드는 법에 중점을 두어야 한다.

생선초밥
にぎりすし | 니기리스시

요구사항

※ 주어진 재료를 사용하여 다음과 같이 생선초밥을 만드시오.

㉮ 각 생선류와 채소를 초밥용으로 손질하시오.
㉯ 초밥초(스시스)를 만들어 밥에 간하여 식히시오.
㉰ 곁들일 초생강을 만드시오.
㉱ 초밥(니기리스시)을 만드시오.
㉲ 색상이 알맞도록 접시에 담아 완성하시오.
㉳ 생선초밥은 8개를 만들어 제출하시오.
㉴ 간장을 내시오.

유의사항

㉮ 각 생선은 위생상 깨끗이 각각 밑손질하여 포를 뜬다.
㉯ 조리작품 만드는 순서는 틀리지 않게 하여야 한다.
㉰ 숙련된 기능으로 맛을 내야 하므로 조리작업 시 음식의 맛을 보지 않는다.

㉵ 채점대상에서 제외되는 경우

- 시험시간 내에 과제 두 가지를 제출하지 못한 경우 : 미완성
- 시험시간 내에 제출된 과제라도 다음과 같은 경우
  - 문제의 요구사항대로 작품의 수량이 만들어지지 않은 경우 : 미완성
  - 해당과제의 지급재료 이외의 재료를 사용한 경우 : 오작
  - 구이를 찜으로 조리하는 등과 같이 조리방법을 다르게 만든 경우 : 오작
  - 불을 사용하여 만든 조리작품이 작품특성에 벗어나는 정도로 타거나 익지 않은 경우 : 실격
  - 가스레인지 화구를 2개 이상 사용한 경우 : 실격
  - 시험 중 시설·장비(칼, 가스레인지 등) 사용 시 감독위원 및 타 수험자의 시험 진행에 위협이 될 것으로 감독위원 전원이 합의하여 판단한 경우 : 실격

지급재료

붉은색 참치살(아까미) 30g, 광어살(3×8cm 이상, 껍질 있는 것) 50g, 차새우 (10±2cm 정도) 1마리, 학꽁치(꽁치, 전어 대체 가능) 1/2마리, 도미살 30g, 문어 (삶은 것) 50g, 밥(뜨거운 밥) 200g, 청차조기잎(시소, 깻잎으로 대체 가능) 1장, 통생강 30g, 고추냉이(와사비) 20g, 식초 70㎖, 백설탕 50g, 소금(정제염) 20g, 진간장 20㎖

만드는 법

❶ 시소는 찬물에 담그고 밥은 식지 않도록 하며 참치는 해동지에 감싸 놓는 다. 식초 3, 설탕 2, 소금 1ts으로 배합해서 뜨거운 밥에 적당량을 버무려서 덮어둔다.

❷ 꽁치, 광어, 도미는 껍질을 벗겨서 손질 후 해동지에 감싸고 새우는 다리 쪽에 수축되지 않도록 이쑤시개를 꽂아서 준비한다.

❸ 끓는 냄비에 문어를 살짝 데친 후 생강과 새우를 삶고 생강은 다시 배합초에 담가두고 와사비는 찬물에 개어서 준비한다.

❹ 데친 문어의 껍질을 벗기고 두께 0.2cm, 가로, 세로 7~3cm로 물결 모양으로 썰어서 준비한다.

❺ 광어, 도미는 두께 0.2cm, 가로, 세로 7~3cm로 껍질을 밑에 붙여서 생선에 45도 각도로 어슷하게 당겨 썰어서 준비를 한다.

❻ 꽁치도 배 쪽의 잔뼈를 제거 후 7cm 정도의 길이로 자르고 등 쪽에 칼집을 얇게 넣는다.

❼ 배합초와 물을 1:1 정도로 혼합하여 손에 묻혀서 부딪치게 하여 촛물을 손에 적당량 묻혀 왼손에는 생선을 잡고 오른손으로 초밥을 쥐고 굴려가면서 모양 을 잡고 와사비를 묻혀서 생선 가운데 찍은 다음 초밥틀을 손으로 쓰다듬으 면서 완성하여 완성접시에 담는다.

❽ 초밥을 위에 4피스, 아래에 4피스씩 45도 방향으로 어슷하게 담고 우측에 시 소를 깔고 초생강으로 장식한다.

❾ 조그만한 종지에 간장 1ts을 곁들여 낸다.

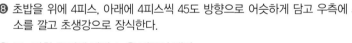
Tip

- 배합초를 만들 때 식초와 설탕을 먼저 녹인 후 소금을 넣고 살짝 끓인다.
- 초밥을 만들 때에는 최대한 빨리 만들어야 한다.
- 초생강은 초밥 앞에 담거나 장미꽃 모양으로 만들어 장식하면 된다.
- 밥의 배합초는 밥을 식힐 때 체온 35~36도 정도로 따뜻하게 식힌다.
- 시험장에서 생선초밥은 초밥재료, 손질방법과 완성된 초밥의 크기와 모양을 중요시한다.
- 완성접시에 담을 때에는 색상과 조화를 살려 보기 좋게 담아낸다.

생선모둠회

さしみの盛合せ | 사시미노 모리아와세

요구사항

※ 주어진 재료를 사용하여 다음과 같이 생선모둠회를 만드시오.

㉮ 각 생선을 밑손질하시오.

㉯ 무를 돌려깎기(가쯔라무끼)한 후 가늘게 채 썰어 사용
하시오.

㉰ 당근은 나비모양, 오이는 왕관모양으로 장식하여 내시오.

유의사항

㉮ 각 어류에 비린내가 나지 않도록 밑손질한다.

㉯ 각종 채소류를 먹기 좋고, 보기 좋게 장식할 수 있도
록 썬다.

㉰ 생선회를 규격에 알맞게 썬다.

㉱ 생선회 접시에 색상이 알맞도록 담는다.

㉲ 조리작품 만드는 순서는 틀리지 않게 하여야 한다.

㉳ 숙련된 기능으로 맛을 내야 하므로 조리작업 시 음식
의 맛을 보지 않는다.

㉷ 채점대상에서 제외되는 경우

－ 시험시간 내에 과제 두 가지를 제출하지 못
한 경우 : 미완성

－ 시험시간 내에 제출된 과제라도 다음과 같은 경우

• 문제의 요구사항대로 작품의 수량이 만들어
지지 않은 경우: 미완성

• 해당과제의 지급재료 이외의 재료를 사용한
경우 : 오작

• 구이를 찜으로 조리하는 등과 같이 조리방법
을 다르게 만든 경우 : 오작

• 불을 사용하여 만든 조리작품이 작품특성에 벗
어나는 정도로 타거나 익지 않은 경우 : 실격

• 가스레인지 화구를 2개 이상 사용한 경우 : 실격

• 시험 중 시설·장비(칼, 가스레인지 등) 사용
시 감독위원 및 타 수험자의 시험 진행에 위
협이 될 것으로 감독위원 전원이 합의하여
판단한 경우 : 실격

지급재료

붉은색 참치살(아까미) 60g, 광어(3×8cm 이상, 껍질 있는 것) 50g, 도미살 50g, 학꽁치(꽁치, 전어 대체 가능) 1/2마리, 무(길이 7cm 이상, 둥근 모양으로 지급) 400g, 당근(둥근 모양으로 잘라서 지급) 60g, 무순 5g, 고추냉이(와사비) 10g, 오이(가늘고 곧은 것, 20cm 정도) 1/3개, 레몬 1/8쪽, 청차조기잎(시소, 깻잎 2장으로 대체 가능) 4장

만드는 법

❶ 시소와 무순은 찬물에 담가 놓고 참치는 해동지에 감싸두고 광어, 도미, 꽁치는 세 장 포 뜨기 한 후 껍질을 제거하여 다듬어서 해동지에 감싸 놓는다.

❷ 와사비는 찬물에 개고 무를 얇게 돌려깎아서 곱게 채 썬 후 찬물에 담가 놓는다.

❸ 당근은 나비모양으로 만들고 오이는 소나무 왕관 모양으로 만들어서 장식한 후 찬물에 담가 놓는다.

❹ 완성접시에 물기 제거 후 무 채 썬 것을 4곳으로 나누고 앞으로 갈수록 낮게 말아서 접시에 담은 후 위에 시소를 얹어둔다.

❺ 참치는 1cm 정도 세로로 썰고 광어는 얇게 3쪽 정도 우스기리로 썰고 도미는 두툼하게 3쪽으로 썰고 꽁치는 반으로 나눠서 가운데 잔가시를 제거 후 잔칼집을 넣고 길이로 이등분하여 겹쳐서 다시 한번 이등분하여 겹친 뒤 나뭇잎 모양으로 한다.

❻ 오이소나무, 왕관, 당근나비, 레몬, 무순을 중간중간에 장식하고 와사비를 사시미칼로 모양을 낸 후 접시에 담는다.

Tip

• 무를 얇게 돌려깎기하여 결 반대로 채 써는 것이 중요하다.
• 무갱은 시험볼 때 시간이 많이 소요되므로 시험 전에 연습해 두는 것이 중요하다.
• 도미의 껍질은 벗기지 않고 껍질 쪽에 뜨거운 물을 부어서 사용하는 것을 마쓰가와라 하는데 마쓰가와하는 이유는 맛과 영양뿐만 아니라 보기에도 좋기 때문이다.
• 광어는 다른 생선보다 우스기리처럼 얇게 포를 뜬다.
• 학꽁치는 장식할 때 나뭇잎 모양이나 둥글게 말아서 반으로 자르면 고사리 모양으로 화려하게 담는 것도 좋은 점수에 반영된다.
• 생선회를 취급할 때 제일 중요한 건 특히 위생에 유의하는 것이다.
• 시험장에서는 생선 재료의 손질방법. 담는 방법이 중요시 반영된다.

튀김조리

분류번호	1301010409_16v3
능력단위 명칭	일식 튀김조리
능력단위 정의	일식 튀김조리는 다양한 식재료를 기름에 튀겨내는 능력이다.

능력단위요소	수행준거
1301010409_16v3.1 튀김재료 준비하기	1.1 식재료를 용도에 맞게 손질할 수 있다. 1.2 식재료에 맞는 양념을 준비할 수 있다. 1.3 튀김용도에 맞는 박력분과 전분을 준비할 수 있다. **지식** · 기본 조리용어 · 생선, 어패류, 육류의 부위와 특성 · 식재료 관리 · 식재료 종류와 특성 · 양념의 종류와 특성 · 조리용 칼의 종류 및 용도 **기술** · 밑간 시간조절 능력 · 밑간 양념 비율을 조절 능력 · 식재료 처리기술 · 식재료에 맞는 반죽의 농도 조절 능력 · 어취제거 능력 · 양념조리기술 **태도** · 반복 훈련 태도 · 안전 수칙 준수 · 위생 관리 태도 · 조리도구 청결 관리 태도
1301010409_16v3.2 튀김하기	2.1 용도에 맞는 튀김기름을 선택할 수 있다. 2.2 밀가루와 전분을 사용하여 튀김옷의 농도조절을 할 수 있다. 2.3 기름의 온도조절을 하여 재료의 특성에 맞게 튀겨낼 수 있다.

능력단위요소	수행준거
1301010409_16v3.2 튀김하기	**지식** · 밀가루의 종류 및 성질 · 전분의 종류 및 성질 · 조리용 유지의 종류와 특성 – 경화유 및 경화유지 – 동물성, 식물성 유지 –발연점 – 산패, 변질 – 트랜스 지방 · 튀김조리법
	기술 · 기름 양 조절 능력 · 온도조절능력 · 튀김기의 조작기술 · 튀김조리기술 · 튀김반죽의 농도조절 능력
	태도 · 반복 훈련 태도 · 안전 수칙 준수 태도 · 위생 관리 태도 · 조리도구 청결 관리 태도
1301010409_16v3.3 튀김 담기	3.1 완성된 튀김은 즉시 담아낼 수 있다. 3.2 양념을 튀김용도에 맞게 담아낼 수 있다. 3.3 완성된 튀김에 곁들임을 첨가하여 담아낼 수 있다.
	지식 · 기름의 분류(식물성기름, 동물성기름)와 특성 · 식재료의 종류와 특성 · 조리기물의 종류와 특성
	기술 · 기름 온도 조절 능력 · 양념장 및 소스 제조기술 · 조미료와 향신료 조리기술 · 튀김 담는 종이 접는 능력 · 튀김 데코레이션 능력 · 튀김조리기술
	태도 · 반복 습득 태도 · 안전 수칙 준수 · 위생 관리 태도 · 조리도구 청결관리 태도

적용범위 및 작업 상황

⊙ 고려사항

- 이 능력단위에는 다음 범위가 포함된다.
  - 육류, 가금류, 생선, 어패류, 채소류를 재료로 사용한 튀김
  - 재료 선별능력, 생선 대신 식재료는 어패류가 어울린다.
  - 튀김용도에 맞는 양념은 다음 범위가 포함된다.
  - 튀김(고로모아게, 덴푸라) : 튀김옷을 묻혀 튀긴 것 – 튀김간장, 소금 등
  - 양념튀김(가라아게) : 재료에 양념한 후 밀가루와 전분을 묻혀 튀긴 것 – 레몬 등
  - 그냥튀김(스아게) : 재료 자체를 그냥 튀기는 것. 꽈리고추, 당면, 피망 등 – 소금 등
  - 변형튀김(가와리아게) : 재료에 모양을 내서 튀긴 것 – 소금 등
  - 쇠고기 양념튀김, 모둠튀김, 닭고기튀김, 새우튀김, 생선튀김, 채소튀김, 도미살튀김 등 거의 모든 식재료를 이용한 튀김류
- 튀김옷 : 튀김옷은 재료의 수분이 과도하게 탈수되는 것을 막아주며 재료가 직접적으로 기름에 닿아 부분탈수가 일어나는 것을 막아준다.
  - 튀김옷에 쓰이는 밀가루 : 튀김옷에 쓰이는 밀가루는 글루텐 함량이 적은 박력분을 사용한다.
  - 전분 : 전분은 탄수화물로 이루어져 튀기면 딱딱한 느낌이 있다. 이는 밀가루의 글루텐 같은 구조의 물질이 없어서다. 이의 보완을 위해 계란 흰자 같은 단백질 물질을 첨가하면 안정된 형태가 된다.
  - 튀김옷 농도 조절하기 : 일식 튀김은 부드럽고 바삭한 것이 특징인데 이 특징을 잘 표현하기 위해서 튀김옷의 농도조절이 중요하다.
- 농도조절포인트
  - ① 달걀 노른자 첨가 – 밀가루 글루텐 활성화의 최소화를 위해서 달걀 노른자를 넣어주는데 이는 글루텐의 활성화를 막아주는 역할을 한다.
  - ② 냉수(얼음물) 첨가 – 밀가루의 글루텐은 온도가 높아지면 활성화가 잘되어 튀김이 바삭하지 않고 늘어지는 현상이 일어난다. 이를 방지하기 위해서 되도록 찬물을 이용한다.
  - ③ 반죽농도 – 반죽의 농도는 밀가루와 냉수의 비율을 1:1.2 정도로 묽게 하고 반죽을 할 때 많이 젓지 않고 나무젓가락으로 툭툭 쳐서 글루텐이 활성화되지 않도록 주의한다.
- 재료에 따른 식품의 적정온도 : 튀김온도는 튀김의 완성도를 높이는 데 영향을 준다.
- 식재료에 따라 온도변화를 주지 않으면 기름을 흠뻑 먹거나 태울 수 있다. 다음 표는 식재료에 따른 적정 튀김 온도와 시간을 나타낸 것이다.

- 식재료에 따른 적정 튀김 온도와 시간

식재료	온도(℃)	시간(분)
채소	160~180	2~3
어류	180~190	3~4
프렌치 프라이드 포테이토(갈색)	190~200	4~5
크로켓	160~170	4~5
포테이토칩	140~150	1~2
도넛	160~170	4~5
닭튀김	160~180	1~2

※ 출처 : 김희섭 · 유혜경 · 윤재영 외(2005), 『조리과학』, 대가, p.283

- 튀김옷에는 다음 범위가 포함된다.
  - 고로모: 박력분과 달걀 노른자, 얼음, 물을 사용한 것
  - 하루사메아게 : 당면을 잘라 사용한 것
  - 도묘지아게 : 찐 찹쌀을 사용한 것
  - 마쓰바 : 마른 면류를 사용한 것
  - 달걀 흰자 대신 밀가루 튀김옷을 사용한 것
- 재료 가공에는 다음 범위가 포함된다.
  - 꼬치 꿰기
  - 다지기
  - 속 넣기
  - 재료 혼합하기 및 성형하기
- 튀김에 쓰이는 양념 : 튀김에 쓰이는 양념을 '야쿠미'라 하고 튀김을 찍어 먹는 소스를 '다레'라고 한다. 양념과 소스의 특징은 풍미를 더해 주고 튀김에 소스가 잘 묻도록 하는 역할을 한다.
  - 덴츠유(튀김 양념간장) : 튀김을 찍어 먹는 간장 소스(가다랑어포, 육수 4: 미림 1: 간장 1)를 말한다. 이를 기본으로 매실육, 우스타소스, 유자초를 넣어 풍미를 높이기도 한다.
  - 야쿠미(곁들임 양념) : 곁들임 양념의 종류는 다양하다. 이 중에 매운맛을 내는 시치미(일곱 가지 향미를 넣은 양념), 유즈코쇼(유자와 고추를 간 양념), 산미를 내는 레몬, 유자, 영귤 등이 있고 풍미를 더하기 위해 간 생강, 다진 실파, 간 무 등이 있다.
  - 양념 소금 : 신선한 재료로 튀김을 할 경우 조미된 양념보다 향이 가미된 소금이 재료 고유

의 맛을 더해 준다. 주로 향신료를 소금에 갈아 넣는데 산초, 말차, 카레, 파래 등이 많이 쓰인다.

- **튀김 곁들임에는 다음 범위가 포함된다.**
  - 튀김간장(덴다시), 소금, 가감초(삼바이즈), 감귤류(영귤, 레몬, 라임, 유자) 등
  - 생강즙, 실파, 무즙
  - 가다랑어포(가쓰오부시), 미림, 간장, 시치미, 유자, 풋고추, 레몬, 생강, 무, 매실육, 실파, 산초 가루, 소금

- **튀김 담기**
  - 채소 담기 : 색상이 보이도록 담아낸다.
  - 해산물 담기 : 새우는 꼬리 부분이 위로 올라오게 세우고 생선도 가는 쪽이 위로, 두꺼운 쪽 이 아래로 가게 담아낸다.
  - 육류 담기 : 육류는 봉오리와 같이 쌓아 올려 담아낸다.
  - 고저법 : 여러 종류의 튀김을 담을 때는 높고 낮은 정도가 다르기 때문에 안정된 구도에 맞추어 담는 것이 중요하다. 접시 왼쪽 뒤를 높게 하고 오른쪽 앞을 낮게 하여 밑면이 가장 긴 삼각형 형태로 담는다
  - 색감법 : 재료 고유의 색을 돋보이게 담는 방법으로 표면의 색이 보이도록 담아내며 왼쪽이 붉은색, 오른쪽이 푸른색이 오도록 담아 색감이 안정되게 보이도록 하는 방법이다.

⊙ **자료 및 관련 서류**
  - 일식 전문 서적/식품위생법규/조리원리 전문서적/식품영양 전문서적
  - 식품재료 원가, 구매, 저장 전문서적/식품가공 전문서적/조리도구 서적/조리도구 관리목록
  - 식품위생/산업재해법 내의 안전관리/안전관리수칙/메뉴별 조리 레시피
  - 조리 매뉴얼과 당일 조리목록

⊙ **장비 및 도구**
  - 칼, 도마, 계량저울, 계량컵, 계량스푼, 조리용 젓가락, 온도계, 튀김용 거름 체, 조리용 집게, 강판, 조리용기, 튀김기, 튀김받침대, 튀김용 젓가락, 튀김그물, 튀김용 종이 등
  - 조리용 화구와 가열도구, 냉장고 등
  - 조리복, 조리모, 앞치마, 조리안전화, 위생행주, 분리수거용 봉투 등

⊙ **재료**
  - 생선, 어패류, 육류, 채소류, 버섯류 등
  - 박력분, 전분, 식용유
  - 달걀, 실파, 무, 간장, 설탕, 청주, 소금, 가다랑어포, 맛술, 생강 등
  - 레몬, 유자, 영귤 등

자가진단

1301010409_16v3	일식 튀김조리

진단영역	진단문항	매우 미흡	미흡	보통	우수	매우 우수
튀김재료 준비하기	1. 나는 식재료를 용도에 맞게 손질할 수 있다.	①	②	③	④	⑤
	2. 나는 식재료에 맞는 양념을 준비할 수 있다.	①	②	③	④	⑤
	3. 나는 튀김용도에 맞는 박력분과 전분을 준비할 수 있다.	①	②	③	④	⑤
튀김옷 준비하기	1. 나는 식재료를 용도에 맞는 튀김옷의 재료를 사용하여 준비할 수 있다.	①	②	③	④	⑤
	2. 나는 튀김 식재료에 맞는 양념을 준비할 수 있다.	①	②	③	④	⑤
	3. 나는 튀김용도에 맞는 튀김옷의 농도를 맞출 수 있다.	①	②	③	④	⑤
튀김 조리하기	1. 나는 용도에 맞는 튀김기름을 선택할 수 있다.	①	②	③	④	⑤
	2. 나는 밀가루와 전분을 사용하여 튀김옷의 농도조절을 할 수 있다.	①	②	③	④	⑤
	3. 나는 기름의 온도조절을 하여 재료의 특성에 맞게 튀겨낼 수 있다.	①	②	③	④	⑤
튀김 담기	1. 나는 완성된 튀김을 즉시 담아낼 수 있다.	①	②	③	④	⑤
	2. 나는 양념을 튀김용도에 맞게 담아낼 수 있다.	①	②	③	④	⑤
	3. 나는 완성된 튀김에 곁들임을 첨가하여 담아낼 수 있다.	①	②	③	④	⑤
튀김소스 조리하기	1. 나는 완성된 튀김에 맞는 튀김소스를 준비할 수 있다.	①	②	③	④	⑤
	2. 나는 양념을 튀김용도에 맞게 조리할 수 있다.	①	②	③	④	⑤
	3. 나는 완성된 튀김에 튀김소스를 첨가하여 담아낼 수 있다.	①	②	③	④	⑤

진단결과

진단영역	문항 수	점 수	점수 ÷ 문항 수
튀김재료 준비하기	3		
튀김옷 준비하기	3		
튀김 조리하기	3		
튀김 담기	3		
튀김소스 조리하기	3		
합계	15		

※ 자신의 점수를 문항 수로 나눈 값이 '3점' 이하에 해당하는 영역은 업무를 성공적으로 수행하는 데 요구되는 능력이 부족한 것
　으로 교육훈련이나 개인학습을 통한 개발이 필요함.

MEMO

쇠고기 양념튀김
牛肉のからあげ | 규니꾸노 가라아게

요구사항

※ 주어진 재료를 사용하여 다음과 같이 쇠고기 양념튀김을 만드시오.

㉮ 쇠고기를 결의 반대로 잘게 굵은 채로 써시오.

㉯ 쇠고기에 양념을 한 후 계란과 밀가루, 전분을 넣어 섞으시오.

㉰ 양념한 재료는 조금씩 떼어 넣어 튀겨내시오(동그랗게 모양을 만들어 튀기는 경우는 오작).

유의사항

㉮ 장식품과 곁들일 재료를 준비한다.

㉯ 조리작품 만드는 순서는 틀리지 않게 하여야 한다.

㉰ 숙련된 기능으로 맛을 내야 하므로 조리작업 시 음식의 맛을 보지 않는다.

㉱ 채점대상에서 제외되는 경우

– 시험시간 내에 과제 두 가지를 제출하지 못한 경우 : 미완성

– 시험시간 내에 제출된 과제라도 다음과 같은 경우

• 문제의 요구사항대로 작품의 수량이 만들어지지 않은 경우: 미완성

• 해당과제의 지급재료 이외의 재료를 사용한 경우 : 오작

• 구이를 찜으로 조리하는 등과 같이 조리방법을 다르게 만든 경우 : 오작

• 불을 사용하여 만든 조리작품이 작품특성에 벗어나는 정도로 타거나 익지 않은 경우 : 실격

• 가스레인지 화구를 2개 이상 사용한 경우 : 실격

• 시험 중 시설 · 장비(칼, 가스레인지 등) 사용 시 감독위원 및 타 수험자의 시험 진행에 위협이 될 것으로 감독위원 전원이 합의하여 판단한 경우 : 실격

지급재료

쇠고기(등심) 100g, 실파(1뿌리) 20g, 참기름 5㎖, 흰 참깨(볶은 것) 5g, 달걀 1개, 마늘(중, 깐 것) 1쪽, 전분 30g, 밀가루(박력분) 30g, 소금(정제염) 2g, 당면 10g, 파슬리 5g, 레몬 1/4개, 식용유 500㎖, 한지(25㎝ 사각, A4용지 대체 가능) 2장, 청주 5㎖

만드는 법

❶ 실파는 아주 곱게 썰어서 찬물에 잠깐 담가 놓고 꺼낸 후 체에 밭쳐 놓고 파슬리는 찬물에 담가 놓는다.

❷ 쇠고기의 기름기와 힘줄을 제거 후 가늘게 포를 뜬 후 결 반대로 썰어서 준비한다.

❸ 다진 마늘, 흰깨, 소금, 청주, 청주 등을 넣고 쇠고기에 밑간을 한다.

❹ 밑간한 쇠고기에 계란 1개와 전분, 밀가루 1:1을 넣고 물 1.5t 정도를 넣고 젓가락으로 적당히 버무린 뒤 손으로 쥐었을 때 묽거나 되직하지 않도록 한다.

❺ 튀김솥에 기름을 넣고 170도로 준비해서 장식용 튀김종이도 준비하고 당면을 꼬아서 먼저 튀긴 후 종이에 올려둔다.

❻ 양념해 놓은 쇠고기에 실파를 3cm 정도 썰어서 넣고 버무려서 기름에 넣고 튀긴다.

❼ 완성접시에 먼저 튀긴 당면을 밑에 깔고 쇠고기 양념튀김을 올리고 양쪽 우측에 레몬을 올린 뒤 파슬리로 장식한다.

Tip

- 쇠고기를 손질할 때 힘줄, 기름기를 완전히 제거 후 굵게 다지거나 결 반대로 썰어야 되고 굵은 채로 잘라서 사용해야 한다.
- 당면은 높은 온도에서 빨리 튀겨낸다.
- 튀김을 할 때에는 기름의 온도를 체크 후 재료를 넣는다.
- 시험장에서는 쇠고기 양념튀김은 익은 정도, 색깔, 모양을 중요시한다.
- 레몬은 짜기 편하게 오른쪽으로 배열하는 것이 좋다.

모둠튀김

天婦羅盛り合女 | 덴뿌라 모리아와세

요구사항

※ 주어진 재료를 사용하여 다음과 같이 모둠튀김을 만드시오.

㉮ 차새우, 갑오징어, 학꽁치, 바다장어를 튀길 수 있도록 손질하시오.

㉯ 각 채소를 튀길 수 있는 크기로 써시오.

㉰ 튀김소스(덴다시)와 양념(야꾸미)을 곁들여 내시오.

유의사항

㉮ 새우를 튀길 때 구부러지지 않도록 손질한다.

㉯ 각 생선류를 밑손질하여 물기를 없앤다.

㉰ 채소류를 손질하여 자른 다음, 물에 씻어 물기를 없앤다.

㉱ 기름이 타지 않도록 하고 재료 특성에 맞게 튀겨낸다.

㉲ 조리작품 만드는 순서는 틀리지 않게 하여야 한다.

㉳ 숙련된 기능으로 맛을 내야 하므로 조리작업 시 음식의 맛을 보지 않는다.

Ⓐ **채점대상에서 제외되는 경우**

– 시험시간 내에 과제 두 가지를 제출하지 못한 경우 : 미완성

– 시험시간 내에 제출된 과제라도 다음과 같은 경우

• 문제의 요구사항대로 작품의 수량이 만들어 지지 않은 경우 : 미완성

• 해당과제의 지급재료 이외의 재료를 사용한 경우 : 오작

• 구이를 찜으로 조리하는 등과 같이 조리방법 을 다르게 만든 경우 : 오작

• 불을 사용하여 만든 조리작품이 작품특성에 벗어나는 정도로 타거나 익지 않은 경우 : 실격

• 가스레인지 화구를 2개 이상 사용한 경우 : 실격

• 시험 중 시설·장비(칼, 가스레인지 등) 사용 시 감독위원 및 타 수험자의 시험 진행에 위협이 될 것으로 감독위원 전원이 합의하여 판단한 경우 : 실격

지급재료

차새우(10±2cm 정도) 2마리, 갑오징어몸살(오징어 대체 가능) 40g, 학꽁치(꽁
치, 전어 대체 가능) 1/2마리, 바다장어살 50g, 양파(소, 100g 정도) 50g, 청피망
10g, 생표고버섯(1개) 20g, 연근 30g, 밀가루(박력분) 150g, 달걀 1개, 무 30g, 통
생강 20g, 식용유 500㎖, 가다랑어포(가쓰오부시) 20g, 청주 10㎖, 진간장 10㎖,
한지(25㎝ 사각, A4용지 대체 가능) 2장, 건다시마(5×10cm) 1장, 백설탕 20g,
레몬 1/8개, 실파 20g, 대꼬챙이(소, 10cm 이하) 2개, 이쑤시개 1개

만드는 법

❶ 냄비에 물 2~3컵 정도를 붓고 다시마와 가쓰오부시를 이용해서 가쓰오다시
를 만든다.

❷ 차새우에 있는 꼬치와 내장을 제거하고 머리와 껍질도 제거 후 다리 쪽에 칼집
을 넣고 꼬리지느러미와 물갈퀴를 다듬어 등에서 살짝 눌러 수축을 방지한다.

❸ 갑오징어는 껍질을 벗기고 내장 쪽에 사선으로 칼집을 넣고 학꽁치도 세 장
뜨기 한 후 껍질을 제거하고 등 쪽에 얇게 칼집을 넣어준다. 바다장어도 학꽁
치와 동일하게 전처리를 한다.

❹ 양파, 청피망은 적당한 크기로 썰고 생표고버섯은 별모양으로 칼집을 넣는다.

❺ 연근은 껍질을 벗겨 두께 0.5cm로 다듬어서 찬물에 담가 놓는다.

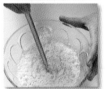

❻ 강판에 무와 생강을 갈아서 실파, 레몬과 야꾸미를 준비한다.

❼ 튀김소스(덴다시)는 가쓰오다시 6, 간장 1, 청주 1, 설탕 1/2을 냄비에 넣고 살
짝 끓인다.

❽ 튀김냄비에 기름을 붓고 모든 야채와 생선에 수분을 제거 후 밀가루옷을 입
혀둔다.

❾ 밀가루 200cc, 물 200cc, 계란 1개를 넣고 풀어 튀김옷을 준비한다.

❿ 튀김소스와 튀김접시에 한지를 학부리 모양으로 접어서 깔아 놓은 뒤 단단한
재료와 해물에 먼저 튀김옷을 입힌 후 튀겨 한지 위에 담아놓는다.

Tip

• 튀김재료를 확인 및 분리한 후 연근은 껍질을 벗겨 식초물에 담가 갈변을 방지하는 것이 좋다.
• 차새우는 머리를 제거하고 꼬리 쪽의 한 마디만 남기고 껍질을 벗긴 후 내장을 빼고 꼬리 쪽의 물총
  을 제거하고 4~5번 정도 배 쪽에 잔칼집을 넣고 구부러지지 않도록 하는 것이 중요한 포인트이다.
• 새우는 꼬리부분에 튀김옷을 입히지 않고 색을 살려 튀겨낸다.
• 튀김옷에 사용되는 밀가루는 박력분을 사용하고 튀김옷은 차가울수록 더 바삭하게 튀겨지기 때문에
  얼음 2~3개 정도를 넣어 사용하면 더 잘 튀겨진다.

튀김두부
あげだしどうふ | 아게다시 도후

요구사항

※ 주어진 재료를 사용하여 다음과 같이 **튀김두부**를 만드시오.

㉮ 가다랑어국물(가쓰오다시)을 뽑아서 튀김다시(덴다시)를 만드시오.

㉯ 연두부의 물기를 제거하고 4×5×4cm 정도로 썰어 튀기시오.

㉰ 무즙(오로시), 실파, 채 썬 김(하리노리)으로 양념(야꾸미)을 만드시오.

㉱ 튀김두부 3개를 그릇에 담고, 튀김다시(덴다시)에 무즙을 풀어 위에 끼얹으시오.

㉲ ㉱ 위에 고명(덴모리)으로 썬 실파와 채 썬 김을 올려 제출하시오.

유의사항

㉮ 가다랑어국물(가쓰오다시) 뽑기와 튀김온도에 유의한다.

㉯ 연두부의 형태를 잘 유지한다.

㉰ 고명을 만드는 방법에 유의한다.

㉱ 조리작품 만드는 순서는 틀리지 않게 하여야 한다.

㉳ 숙련된 기능으로 맛을 내야 하므로 조리작업 시 음식의 맛을 보지 않는다.

㉴ 채점대상에서 제외되는 경우

– 시험시간 내에 과제 두 가지를 제출하지 못한 경우 : 미완성

– 시험시간 내에 제출된 과제라도 다음과 같은 경우

• 문제의 요구사항대로 작품의 수량이 만들어지지 않은 경우 : 미완성

• 해당과제의 지급재료 이외의 재료를 사용한 경우 : 오작

• 구이를 찜으로 조리하는 등과 같이 조리방법을 다르게 만든 경우 : 오작

• 불을 사용하여 만든 조리작품이 작품특성에 벗어나는 정도로 타거나 익지 않은 경우 : 실격

• 가스레인지 화구를 2개 이상 사용한 경우 : 실격

• 시험 중 시설 · 장비(칼, 가스레인지 등) 사용 시 감독위원 및 타 수험자의 시험 진행에 위협이 될 것으로 감독위원 전원이 합의하여 판단한 경우 : 실격

지급재료

연두부(300g 정도) 1모, 감자전분 100g, 실파(1뿌리) 20g, 김 1/4장, 무 100g, 가다랑어포(가쓰오부시) 10g, 건다시마(5×10cm) 1장, 진간장 50㎖, 식용유 500㎖, 맛술(미림) 50㎖

만드는 법

❶ 냄비에 물 2~3컵 정도를 붓고 다시마와 가쓰오부시를 이용해서 가쓰오다시를 만든다.

❷ 연두부의 비닐을 뜯어내고 팩을 뒤집어서 참치해동지를 포개서 받쳐준다.

❸ 튀김소스(덴다시)는 가쓰오다시 6, 간장 1, 청주 1, 설탕 1/2을 냄비에 넣고 살짝 끓인다.

❹ 튀김냄비를 가스레인지에 올려 놓고 실파는 곱게 채 썰어 물에 담가 놓고 무는 강판에 갈아서 무즙을 낸다.

❺ 연두부를 3등분하여 준비하고 연두부 표면에 전분가루를 묻혀서 튀긴 후 체에 밭쳐서 기름 제거 후 완성접시에 담는다.

❻ 덴다시에 무즙을 풀어서 튀김 위에 붓고 실파와 구운 김을 고명으로 얹어서 완성한다.

Tip

• 연두부는 너무 연하고 부드럽기 때문에 다루기가 쉽지 않으므로 각별히 주의해야 한다.

• 연두부는 미리 전분가루를 발라두면 안 된다.

• 튀김온도는 특히 조절을 잘 해야 한다.

• 고명에는 곱게 채 썬 실파와 김을 올려서 완성한다.

구이조리

분류번호	1301010410_16v3
능력단위 명칭	일식 구이조리
능력단위 정의	일식 구이조리는 다양한 식재료를 직접구이와 간접구이로 익혀내는 능력이다.

능력단위요소	수행준거
1301010410_16v3.1 구이재료 준비하기	1.1 식재료를 용도에 맞게 손질할 수 있다. 1.2 식재료에 맞는 양념을 준비할 수 있다. 1.3 구이용도에 맞는 기물을 준비할 수 있다.
	지식 · 식재료의 부위별 특성 · 식재료의 저장관리 · 어취제거 방법의 종류 · 조리기물의 종류와 특성 · 조리도구의 용도별 특징
	기술 · 생선살 썰기 기술 · 생선을 양념(된장, 간장, 소금)에 절이는 능력 · 식재료 조리기술 · 양념흡착이 용이하게 칼집 넣는 능력 · 육류를 구이용도에 맞게 손질할 수 있는 능력 · 조리기물 선별능력
	태도 · 반복 훈련 태도 · 안전 수칙 준수 태도 · 위생 관리 태도 · 조리도구 청결 관리 태도
1301010410_16v3.2 구이 굽기	2.1 식재료의 특성에 따라 구이방법을 선택할 수 있다. 2.2 불의 강약을 조절하여 구워낼 수 있다. 2.3 재료의 형태가 부서지지 않도록 구울 수 있다.

능력단위요소	수행준거
1301010410_16v3.2 구이 굽기	**지식** · 구이조리법의 특성 · 식재료 종류와 특성 · 양념의 종류와 특성 · 양념조리법
	기술 · 구이조리기술 · 불 조절 능력 · 숙성단계의 절임 기술 · 재료종류에 맞게 꼬챙이에 꿰는 능력 · 주재료의 굽기 완성도 능력 · 주재료 속 양념의 조화 능력
	태도 · 반복 훈련 태도 · 안전 수칙 준수 태도 · 위생 관리 태도 · 조리도구 청결 관리 태도
1301010410_16v3.3 구이 담기	3.1 모양과 형태에 맞게 담아낼 수 있다. 3.2 양념을 준비하여 담아낼 수 있다. 3.3 구이종류의 특성에 따라 곁들임을 함께 낼 수 있다.
	지식 · 식재료 종류와 특성 · 식재료 특성 · 양념의 종류와 특성 · 일식 데코레이션 · 재료에 따른 기물의 종류와 특성
	기술 · 색상의 조화 능력 · 재료에 따른 담는 능력 · 조미능력 · 주재료의 특성에 맞는 부재료의 선택기술 · 주재료와 부재료(곁들임)의 혼합 능력
	태도 · 반복 훈련 태도 · 안전 수칙 준수 태도 · 위생 관리 태도 · 조리도구 청결 관리 태도

적용범위 및 작업 상황

⊙ 고려사항

- 이 능력단위에는 다음 범위가 포함된다.
  - 어패류, 육류, 가금류를 재료로 사용한 구이
  - 소금구이(시오야키) : 연어구이, 도미구이, 삼치구이, 은어구이, 송이구이 등
  - 간장양념구이(데리야키) : 방어, 장어, 쇠고기, 닭고기 등
  - 된장절임구이(미소쓰케야키) : 은대구, 옥도미, 병어, 삼치, 소고기 등
  - 유안야키
  - 팬, 철판구이

- 구이의 열원에는 다음 범위가 포함된다.
  - 숯불 등의 직화 열기구/가스 불/전열/오븐

- 구이의 맛에 어울리는 곁들임(아시라이)에는 다음 범위가 포함된다.
  - 초절임연근, 무초절임, 햇생강대(하지카미), 초절임 등
  - 밤 단 조림, 고구마 단 조림, 금귤 단 조림 등
  - 머위, 우엉, 꽈리고추 간장양념조림
  - 레몬, 영귤 등

⊙ 자료 및 관련 서류

- 일식 전문 서적/식품위생법규/조리원리 전문서적/식품영양 전문서적
- 식품재료 원가, 구매, 저장 전문서적/식품가공 전문서적/조리도구 서적
- 조리도구 관리목록/식품위생/산업재해법 내의 안전관리/안전관리수칙
- 메뉴별 조리 레시피/조리 매뉴얼과 당일 조리목록

⊙ 장비 및 도구

- 칼, 도마, 계량컵, 계량스푼, 계량저울, 조리용 젓가락, 온도계, 염도계, 체, 조리용 집게, 타이머 구이용 쇠꼬챙이, 석쇠 등
- 조리용 화구와 가열 도구, 냉장고 등
- 철판, 프라이팬
- 조리복, 조리모, 앞치마, 조리안전화, 위생행주, 분리수거용 봉투 등

⊙ 재료

- 생선, 어패류, 육류, 채소류, 버섯류 등
- 된장, 간장, 설탕, 소금, 후춧가루, 맛술, 청주 등
- 레몬, 유자, 영귤 등

자가진단

1301010410_16v3	일식 구이조리

진단영역	진단문항	매우 미흡	미흡	보통	우수	매우 우수
구이재료 준비하기	1. 나는 식재료를 용도에 맞게 손질할 수 있다.	①	②	③	④	⑤
	2. 나는 식재료에 맞는 양념을 준비할 수 있다.	①	②	③	④	⑤
	3. 나는 구이용도에 맞는 기물을 준비할 수 있다.	①	②	③	④	⑤
구이 굽기	1. 나는 식재료의 특성에 따라 구이방법을 선택 할 수 있다.	①	②	③	④	⑤
	2. 나는 불의 강약을 조절하여 구워낼 수 있다.	①	②	③	④	⑤
	3. 나는 재료의 형태가 부서지지 않도록 구울 수 있다.	①	②	③	④	⑤
구이 담기	1. 나는 모양과 형태에 맞게 담아낼 수 있다.	①	②	③	④	⑤
	2. 나는 양념을 준비하여 담아낼 수 있다.	①	②	③	④	⑤
	3. 나는 구이종류의 특성에 따라 곁들임을 함 께 낼 수 있다.	①	②	③	④	⑤

진단결과

진단영역	문항 수	점 수	점수 ÷ 문항 수
구이재료 준비하기	3		
구이 굽기	3		
구이 담기	3		
합계	9		

※ 자신의 점수를 문항 수로 나눈 값이 '3점' 이하에 해당하는 영역은 업무를 성공적으로 수행하는 데 요구되는 능력이 부족한 것
   으로 교육훈련이나 개인학습을 통한 개발이 필요함.

전복버터구이
アワビバター焼き | 아와비바타—야키

요구사항

※ 주어진 재료를 사용하여 다음과 같이 전복버터구이를 만드시오.

㉮ 전복은 껍질과 내장을 분리하고 칼집을 넣어 한입 크기로 어슷하게 써시오.

㉯ 내장은 데쳐서 사용하시오.

㉰ 채소는 전복의 크기로 써시오.

㉱ 은행은 속껍질을 벗겨 사용하시오.

유의사항

㉮ 조리작품 만드는 순서는 틀리지 않게 하여야 한다.

㉯ 숙련된 기능으로 맛을 내야 하므로 조리작업 시 음식의 맛을 보지 않는다.

㉰ 채점대상에서 제외되는 경우

   – 시험시간 내에 과제 두 가지를 제출하지 못한 경우 : 미완성

– 시험시간 내에 제출된 과제라도 다음과 같은 경우

• 문제의 요구사항대로 작품의 수량이 만들어지지 않은 경우: 미완성

• 해당과제의 지급재료 이외의 재료를 사용한 경우 : 오작

• 구이를 찜으로 조리하는 등과 같이 조리방법을 다르게 만든 경우 : 오작

• 불을 사용하여 만든 조리작품이 작품특성에 벗어나는 정도로 타거나 익지 않은 경우 : 실격

• 가스레인지 화구를 2개 이상 사용한 경우 : 실격

• 시험 중 시설·장비(칼, 가스레인지 등) 사용 시 감독위원 및 타 수험자의 시험 진행에 위협이 될 것으로 감독위원 전원이 합의하여 판단한 경우 : 실격

지급재료

전복(2마리, 껍질 포함) 150g, 청차조기잎(시소) 1장, 양파(중, 150g 정도) 1/2개, 청피망(중, 50g 정도) 1/2개, 청주 20㎖, 은행(중간크기) 5개, 버터 20g, 검은 후 춧가루 2g, 소금(정제염) 15g, 식용유 30㎖

만드는 법

❶ 시소잎은 찬물에 담가놓고 양파는 3cm 정도로 크게 썰고 피망도 양파 크기로 썬다.

❷ 팬에 기름을 두르고 은행을 볶아 속껍질을 제거한다.

❸ 전복은 깨끗하게 씻은 후 껍질과 내장을 분리한 후 칼집을 어슷하게 한입 크기로 썰어놓고 내장은 소금물에 데친다.

❹ 달구어진 팬에 기름을 두르고 전복부터 볶다가 양파, 피망을 넣고 마지막에 전복내장을 넣고 볶으면서 소금, 후추, 청주로 밑간을 한다.

❺ 완성접시에 시소를 깔고 볶은 재료를 조화롭게 담는다.

Tip

- 전복을 전처리할 때에는 껍질과 살, 내장이 손상되지 않도록 하는 것이 중요하다.
- 은행 껍질 제거 시 기름을 조금만 두르고 약한 불에서 볶으면서 껍질을 제거한다.
- 재료를 넣고 볶을 때에는 센 불에서 재빨리 볶아 씹을 때 사각거릴 수 있도록 하는 것이 중요하다.

쇠고기 간장구이
牛肉のでりやき | 규니꾸노 데리야끼

시험시간
20분

요구사항

※ 주어진 재료를 사용하여 다음과 같이 쇠고기 간장구이를 만드시오.

㉮ 양념간장(다래)과 생강채(하리쇼가)를 준비하시오.

㉯ 쇠고기를 두께 1.5cm, 길이 3cm로 자르시오.

㉰ 프라이팬에 구이를 한 다음 양념간장(다래)을 발라 완성하시오.

유의사항

㉮ 조리작품 만드는 순서는 틀리지 않게 하여야 한다.

㉯ 숙련된 기능으로 맛을 내야 하므로 조리작업 시 음식의 맛을 보지 않는다.

㉰ 채점대상에서 제외되는 경우

    – 시험시간 내에 과제 두 가지를 제출하지 못한 경우 : 미완성

– 시험시간 내에 제출된 과제라도 다음과 같은 경우

• 문제의 요구사항대로 작품의 수량이 만들어지지 않은 경우 : 미완성

• 해당과제의 지급재료 이외의 재료를 사용한 경우 : 오작

• 구이를 찜으로 조리하는 등과 같이 조리방법을 다르게 만든 경우 : 오작

• 불을 사용하여 만든 조리작품이 작품특성에 벗어나는 정도로 타거나 익지 않은 경우 : 실격

• 가스레인지 화구를 2개 이상 사용한 경우 : 실격

• 시험 중 시설·장비(칼, 가스레인지 등) 사용 시 감독위원 및 타 수험자의 시험 진행에 위협이 될 것으로 감독위원 전원이 합의하여 판단한 경우 : 실격

지급재료

쇠고기(등심) 160g, 건다시마(5×10cm) 1장, 통생강 30g, 검은 후춧가루 5g, 진간장 50㎖, 산초가루 3g, 청주 50㎖, 소금(정제염) 20g, 식용유 100㎖, 백설탕 30g, 맛술(미림) 50㎖, 깻잎 1장

만드는 법

❶ 냄비에 물 2~3컵을 붓고 다시마로 곤부다시 육수를 준비한다.

❷ 쇠고기는 핏물과 기름기를 제거 후 대바칼로 두들겨서 부드럽게 한 후 소금, 후춧가루로 밑간을 한다.

❸ 뜨거운 냄비에 청주 1/4컵을 붓고 알코올을 제거 후 곤부다시 1/2컵을 붓고 미림 1/4컵, 간장 1/4컵, 설탕 1/4컵을 첨가하며 간장을 센 불에서 약한 불로 조절하여 물엿보다 약간 묽은 상태까지 조려서 볼에 담는다.

❹ 생강은 얇게 저민 후 가늘게 채 썰어 하리쇼가를 준비하여 찬물에 담가 매운 맛을 제거한다.

❺ 밑간한 쇠고기는 달군 팬에 기름을 두르고 센 불에서 앞뒤로 구운 뒤 손가락으로 눌러 핏물이 나오지 않으면 약불로 해서 양념간장을 조금씩 발라가면서 앞뒤로 구워준다.

❻ 완성된 쇠고기 간장구이를 도마에 옮겨 옆으로 어슷하게 두께 1.5cm, 폭 3cm 정도가 되도록 썰어 접시에 담고 양념간장을 위에 바른 후 산초가루를 살짝 뿌리고 생강채를 앞쪽 우측에 놓고 완성한다.

Tip

- 원래 쇠고기 간장구이는 석쇠에 구워야 제맛을 낼 수 있다.
- 구이를 할 때에는 양념간장소스를 여러 번 발라가며 구워야 맛과 시각적인 색감이 살아난다.
- 생강은 가늘게 채 썰어 전분의 아린맛을 제거하기 위해 찬물에 담가두고 다음에 물기를 완전히 짜서 사용한다.
- 시험장에서는 쇠고기의 손질방법과 구운 상태, 양념간장 농도, 하리쇼가에 중점을 둔다.

삼치 소금구이
さわらのしおやき | 사와라노 시오야끼

요구사항

※ 주어진 재료를 사용하여 다음과 같이 삼치 소금구이를 만드시오.

㉮ 삼치는 세 장 뜨기한 후 소금을 뿌려 10~20분 후 씻고 꼬챙이에 끼워 구이하시오(※석쇠를 사용할 경우 감점).

㉯ 채소는 각각 초담금 및 조림을 하시오.

㉰ 구이 그릇에 삼치 소금구이와 곁들임을 담아 완성하시오.

㉱ 길이 10cm로 2조각을 제출하시오. (단, 지급된 재료의 길이에 따라 가감한다.)

유의사항

㉮ 겉표면이 타지 않도록 불조절을 잘 한다.

㉯ 조리작품 만드는 순서는 틀리지 않게 하여야 한다.

㉰ 숙련된 기능으로 맛을 내야 하므로 조리작업 시 음식의 맛을 보지 않는다.

㉲ 채점대상에서 제외되는 경우

– 시험시간 내에 과제 두 가지를 제출하지 못한 경우 : 미완성

– 시험시간 내에 제출된 과제라도 다음과 같은 경우

• 문제의 요구사항대로 작품의 수량이 만들어지지 않은 경우: 미완성

• 해당과제의 지급재료 이외의 재료를 사용한 경우 : 오작

• 구이를 찜으로 조리하는 등과 같이 조리방법을 다르게 만든 경우 : 오작

• 불을 사용하여 만든 조리작품이 작품특성에 벗어나는 정도로 타거나 익지 않은 경우 : 실격

• 가스레인지 화구를 2개 이상 사용한 경우 : 실격

• 시험 중 시설·장비(칼, 가스레인지 등) 사용 시 감독위원 및 타 수험자의 시험 진행에 위협이 될 것으로 감독위원 전원이 합의하여 판단한 경우 : 실격

지급재료

삼치 1/2마리(400~450g 정도), 레몬 1/4개, 깻잎 1장, 소금(정제염) 30g, 무 50g, 우엉 60g, 식용유 10㎖, 식초 30㎖, 건다시마(5×10cm) 1장, 진간장 30㎖, 백설탕 30g, 청주 15㎖, 흰 참깨(볶은 것) 2g, 쇠꼬챙이(30cm 정도) 3개, 맛술(미림) 10㎖

만드는 법

❶ 시소를 찬물에 담가놓고 삼치는 세 장 포 뜨기를 한 후 껍질에 칼집을 넣고 소금을 살짝 뿌려 준비한다.

❷ 냄비에 다시마와 가쓰오부시를 넣어서 가쓰오다시를 만든다.

❸ 우엉의 껍질을 벗기고 길이 5cm로 4등분해서 냄비에 기름을 두르고 볶다가 다시 3ts, 미림 2ts, 간장 1ts, 설탕 1ts를 넣고 조린다.

❹ 무를 사방 2cm 크기로 썰어서 밑에 0.5cm만 남기고 촘촘히 열십자로 칼집을 넣고 물 5ts, 식초 3ts, 설탕 2ts, 소금 1/2ts를 넣고 초담금을 한다.

❺ 우엉조림은 완성되면 양쪽 끝에 흰깨를 묻혀서 준비해 둔다.

❻ 삼치는 물에 씻어 수분을 제거하여 꼬챙이에 끼운 후 껍질 쪽에 윗소금을 뿌려 껍질 쪽부터 먼저 굽는다.

❼ 껍질 쪽을 굽다가 어느 정도 익히면 살 쪽으로 뒤집어 소금을 약간 뿌려 굽고 젓가락으로 눌러 단단한 느낌이 나면 완성접시에 시소를 깔고 삼치를 담고 세로, 가로 1cm 크기의 무 초담금, 우엉조림, 레몬을 함께 곁들여 담아 낸다.

Tip

• 시험장에서 삼치가 작은 것은 한 마리, 큰 것은 머리부분이나 꼬리부분을 제출한다.

• 삼치를 꼬챙이에 꿰어 구우면 보기 좋게 구울 수 있다. (역삼각형 형태로 끼워서 사용한다.)

• 완성접시에 껍질 쪽이 위로 보이도록 놓고 껍질이 손상되지 않도록 주의한다.

• 우엉을 조릴 때는 마지막에 센 불에 조리면 윤기가 더 좋아진다.

• 시험장에서 삼치소금구이는 삼치 손질방법, 구운 뒤 껍질상태, 살이 부서지지 않는 상태, 무, 우엉조림 같은 곁들임 재료의 손질법에 중점을 두어야 한디.

면류조리

분류번호	1301010411_16v3
능력단위 명칭	일식 면류조리
능력단위 정의	일식 면류조리는 면 재료를 이용하여 양념, 국물과 함께 제공하여 조리할 수 있는 능력이다.

능력단위요소	수행준거
1301010411_16v3.1 면 재료 준비하기	1.1 면류의 식재료를 용도에 맞게 손질할 수 있다. 1.2 면요리에 맞는 부재료와 양념을 준비할 수 있다. 1.3 면요리의 구성에 맞는 기물을 준비할 수 있다.
	지식 · 면류의 종류와 특성 · 밀가루 종류와 특성 · 식재료의 종류와 특성 · 양념의 특성 · 조리도구의 종류 및 용도
	기술 · 국물 우려내는 기술 · 기물 선택능력 · 다시마의 선별 능력 · 면류 조리기술 · 불 조절 능력 · 식재료 손질기술
	태도 · 반복 훈련 태도 · 안전 수칙 준수 태도 · 위생 관리 태도 · 조리도구 청결 관리 태도
1301010411_16v3.2 면 조리하기	2.1 면요리의 종류에 맞게 맛국물을 준비할 수 있다. 2.2 부재료는 양념하거나 익혀서 준비할 수 있다. 2.3 면을 용도에 맞게 삶아서 준비할 수 있다.

능력단위요소	수행준거
1301010411_16v3.2 면 조리하기	**지식** · 다시조리법 · 맛국물의 종류와 특성 · 면의 종류 및 특성 · 면의 종류에 따른 보존법 · 조리용 냄비의 종류와 용도 · 조미료와 향신료의 종류와 특성 · 채소의 종류와 용도
	기술 · 다시마, 가다랑어포 등 국물 우려내는 능력 · 맛국물 내는 방법과 보존 기술 · 면을 삶아내는 기술 · 식재료 손질기술
	태도 · 반복 훈련 태도 · 안전 수칙 준수 태도 · 위생 관리 태도 · 조리도구 청결 관리 태도
1301010411_16v3.3 면 담기	3.1 면요리의 종류에 따라 그릇을 선택할 수 있다. 3.2 양념을 담아낼 수 있다. 3.3 맛국물을 담아낼 수 있다.
	지식 · 기물의 종류와 용도 · 다시 조리법 · 면의 종류와 특성 · 양념의 종류와 특성 · 조리용 기구의 종류와 용도 · 채소의 종류와 용도
	기술 · 다시 조리기술 · 식재료 손질 능력 · 양념조리기술 · 용도에 맞게 기물 선택능력 · 칼의 사용 기술

능력단위요소	수행준거
1301010411_16v3.3 면 담기	태도 · 반복 훈련 태도 · 안전 수칙 준수 태도 · 위생 관리 태도 · 조리도구 청결 관리 태도

적용범위 및 작업 상황

◉ 고려사항

- 이 능력단위에는 다음 범위가 포함된다.
  - 냄비우동, 튀김우동, 찬 우동, 온 우동, 우동볶음 등
  - 소면 및 라멘
  - 찬 메밀국수, 튀김 메밀국수, 온 메밀국수, 볶음 메밀국수 등
- 면 조리에 맞는 부재료와 양념에는 다음 범위가 포함된다.
  - 부재료 : 쑥갓, 팽이버섯, 당근, 오이, 표고버섯, 김, 실파, 죽순, 무, 와사비, 과일 등
  - 양념 : 가다랑어포, 다시마, 연간장, 맛술, 청주, 진간장, 소금 등
- 면 조리에 맞는 맛국물에는 우동맛국물, 다시마맛국물, 가다랑어포 맛국물이 포함된다.
- 면요리의 종류에 맞는 맛국물
  - 면요리의 종류에 알맞은 맛국물을 만드는 데 필요한 재료를 준비한다.
  - 우동에는 다시물, 간장, 소금, 설탕, 맛술, 청주로 조미하여 우동다시를 만든다.
  - 소바는 가께소바인지 자루소바인지에 따라 소바쯔유의 염도와 농도를 다르게 만든다.
  - 라멘은 보통 돼지뼈를 삶아서 돈코쯔 국물을 준비하고 소면은 맑고 담백한 맛국물을 준비한다.
  - 볶음우동이나 야끼소바처럼 국물이 없는 요리는 볶을 때 진한 소스가 필요하다. 설탕과 간장을 1:3∼1:4 정도로 혼합하여 끓여서 식혀두고 사용하는데, 이것을 모도간장이라고 한다.
- 면요리의 메뉴에 따른 알맞은 기물
  - 국물이 있는 면요리 : 국물이 있는 우동이나 가께소바 같은 경우에는 깊이가 있고 넓이가 적당한 그릇을 준비한다.
  - 국물 없는 면요리 : 볶음우동이나 냉우동 같은 경우에는 넓고 얕은 접시를 준비한다.
  - 자루소바(모리소바) : 자루소바(모리소바)는 물기가 빠질 수 있는 그릇을 준비한다.
- 각 요리의 특징을 살리는 고명 올리기
  - 색이 하얀 소면요리에는 붉은 어묵(찐 어묵의 일종인 가마보꼬), 실파, 하리노리를 고명으로 올린다. 소면에는 달걀을 풀어서 올리는 경우가 많다.

- 가께소바, 가께우동에는 실파, 하리노리, 덴까스 등을 고명으로 올린다. 부재료의 색상과 크기 등을 고려하여 보기 좋게 담는다.
- 자루소바나 냉소바처럼 국물 없이 접시에 면만 담아서 제공하는 경우에는 대부분 면사리 위에 하리노리를 올린다. 와사비나 실파를 찍어먹는 쯔유와 함께 작은 그릇에 담아낸다.

- **면의 보관 및 보존조치에는 다음 범위가 포함된다.**
  - 밀폐, 밀봉 보관
  - 냉장, 냉동
  - 건조

◉ 자료 및 관련 서류
- 일식 전문 서적/식품위생법규/조리원리 전문서적/식품영양 전문서적
- 식품재료 원가, 구매, 저장 전문서적/식품가공 전문서적/조리도구 서적
- 조리도구 관리목록/식품위생/산업재해법 내의 안전관리/안전관리수칙
- 메뉴별 조리 레시피/조리 매뉴얼과 당일 조리목록

◉ 장비 및 도구
- 냄비(맑은 탕용, 샤브샤브용), 기물
- 면류를 위한 식기류 : 메밀국수 담는 용기 등
- 칼, 도마, 용기, 계량컵, 계량수저, 계량저울, 김발, 조리용 젓가락, 그물망 국자, 그물망 체 등
- 조리용 화구와 가열도구, 냉장고
- 조리복, 조리모, 앞치마, 조리안전화, 위생행주, 분리수거용 봉투

◉ 재료
- 생선, 어패류, 육류, 채소류, 버섯류 등
- 건다시마, 가다랑어포 등
- 배추, 대파, 당근, 무, 두부, 숙주나물, 실파, 김, 차조기잎(시소), 유부, 어묵 등
- 청주, 간장, 소금, 칠미(시치미), 맛술 등

자가진단

1301010411_16v3	일식 면류조리

진단영역	진단문항	매우 미흡	미흡	보통	우수	매우 우수
면 재료 준비하기	1. 나는 면류의 식재료를 용도에 맞게 손질할 수 있다.	①	②	③	④	⑤
	2. 나는 면요리에 맞는 부재료와 양념을 준비할 수 있다.	①	②	③	④	⑤
	3. 나는 면요리의 구성에 맞는 기물을 준비할 수 있다.	①	②	③	④	⑤
면 국물 조리하기	1. 나는 면요리의 종류에 맞게 맛국물을 조리할 수 있다.	①	②	③	④	⑤
	2. 나는 주재료와 부재료를 조리할 수 있다.	①	②	③	④	⑤
	3. 나는 향미재료를 첨가하여 면 국물조리를 완성할 수 있다.	①	②	③	④	⑤
면 조리하기	1. 나는 면요리의 종류에 맞게 맛국물을 조리할 수 있다.	①	②	③	④	⑤
	2. 나는 부재료는 양념하거나 익혀서 준비할 수 있다.	①	②	③	④	⑤
	3. 나는 면을 용도에 맞게 삶아서 준비할 수 있다.	①	②	③	④	⑤
면 담기	1. 나는 면요리의 종류에 따라 그릇을 선택할 수 있다.	①	②	③	④	⑤
	2. 나는 양념을 담아낼 수 있다.	①	②	③	④	⑤
	3. 나는 맛국물을 담아낼 수 있다.	①	②	③	④	⑤

진단결과

진단영역	문항 수	점 수	점수 ÷ 문항 수
면 재료 준비하기	3		
면 국물 조리하기	3		
면 조리하기	3		
면 담기	3		
합계	12		

※ 자신의 점수를 문항 수로 나눈 값이 '3점' 이하에 해당하는 영역은 업무를 성공적으로 수행하는 데 요구되는 능력이 부족한 것으로 교육훈련이나 개인학습을 통한 개발이 필요함.

우동볶음
焼きうどん | 야끼우동

요구사항

※ 주어진 재료를 사용하여 다음과 같이 우동볶음(야끼우동)을 만드시오.

㉮ 새우는 껍질과 내장을 제거하고 사용하시오.

㉯ 오징어는 솔방울 무늬로 칼집을 넣어 1×4cm 정도 크기로 썰어 데쳐 사용하시오.

㉰ 우동은 데쳐서 사용하시오.

㉱ 가다랑어포(하나가쓰오)를 고명으로 얹으시오.

유의사항

㉮ 우동과 해물, 채소 등이 잘 어우러지게 볶아낸다.

㉯ 조리작품 만드는 순서는 틀리지 않게 하여야 한다.

㉰ 숙련된 기능으로 맛을 내야 하므로 조리작업 시 음식의 맛을 보지 않는다.

㉱ 채점대상에서 제외되는 경우

　　– 시험시간 내에 과제 두 가지를 제출하지 못

한 경우 : 미완성

– 시험시간 내에 제출된 과제라도 다음과 같은 경우

• 문제의 요구사항대로 작품의 수량이 만들어 지지 않은 경우 : 미완성

• 해당과제의 지급재료 이외의 재료를 사용한 경우 : 오작

• 구이를 찜으로 조리하는 등과 같이 조리방법을 다르게 만든 경우 : 오작

• 불을 사용하여 만든 조리작품이 작품특성에 벗어나는 정도로 타거나 익지 않은 경우 : 실격

• 가스레인지 화구를 2개 이상 사용한 경우 : 실격

• 시험 중 시설·장비(칼, 가스레인지 등) 사용 시 감독위원 및 타 수험자의 시험 진행에 위협이 될 것으로 감독위원 전원이 합의하여 판단한 경우 : 실격

지급재료

우동 150g, 작은 새우(껍질 있는 것) 3마리, 갑오징어 몸살 50g, 양파 1/8개, 숙주 80g, 생표고버섯 1개, 당근 50g, 청피망(중, 75g) 1/2개, 가다랑어포(하나가쓰오, 고명용) 10g, 청주 30㎖, 진간장 15㎖, 맛술(미림) 15㎖, 식용유 15㎖, 참기름 5㎖, 소금 5g

만드는 법

❶ 재료를 확인 후 분리하여 깨끗이 씻는다.

❷ 새우는 껍질, 내장을 제거한다.

❸ 갑오징어 속껍질을 제거 후 솔방울무늬로 칼집을 내어 1cm×4cm 크기로 썬 뒤 끓는 물에 데쳐 찬물에 식혀서 사용한다.

❹ 우동은 끓는 물에 데친 후 찬물에 씻어서 물기를 제거한다.

❺ 당근은 1cm×4cm 정도로 썬다.

❻ 청피망 속씨를 제거한 뒤 당근과 같은 크기로 한다.

❼ 표고버섯 기둥 제거 후 얇게 채썬다.

❽ 숙주 머리와 꼬리를 손질 후 양파는 1cm×4cm로 썬다.

❾ 프라이팬에 식용유를 넣고 달군 후 새우, 갑오징어, 우동을 넣고 볶다가 당근, 청피망, 숙주, 양파, 표고버섯을 넣고 볶는다.

❿ 청주, 간장과 미림, 소금을 넣어 맛을 내고 참기름으로 마무리한다.

⓫ 그릇에 담은 후 가쓰오부시를 고명으로 얹어 완성한다.

Tip

• 새우는 껍질과 내장을 제거 후 사용한다.

• 오징어는 속껍질을 제거한 뒤 안쪽의 솔방울 무늬로 칼집을 넣는다.

• 우동면은 데친 후 반드시 찬물에 씻어준다.

• 채소가 너무 무르지 않도록 볶는다.

• 우동과 새우 등 각종 재료들이 잘 어우러지게 볶아낸다.

메밀국수
ざるそば | 자루소바

요구사항

※ 주어진 재료를 사용하여 다음과 같이 메밀국수(자루소바)를 만드시오.

㉠ 소바다시를 만들어 얼음으로 차게 식히시오.

㉡ 메밀국수는 삶아 얼음으로 차게 식혀서 사용하시오.

㉢ 메밀국수, 양념(야꾸미), 소바다시를 각각 따로 담아 내시오.

㉣ 메밀국수는 접시에 김발을 펴서 그 위에 올려내시오.

㉤ 김은 가늘게 채 썰어(하리기리) 메밀국수에 얹어 내시오.

유의사항

㉠ 지급된 양념(야꾸미)재료를 각각 특성에 맞게 준비하여 곁들여 내도록 한다.

㉡ 조리작품 만드는 순서는 틀리지 않게 하여야 한다.

㉢ 숙련된 기능으로 맛을 내야 하므로 조리작업 시 음식의 맛을 보지 않는다.

㉣ 채점대상에서 제외되는 경우

- 시험시간 내에 과제 두 가지를 제출하지 못한 경우 : 미완성

- 시험시간 내에 제출된 과제라도 다음과 같은 경우

• 문제의 요구사항대로 작품의 수량이 만들어지지 않은 경우: 미완성

• 해당과제의 지급재료 이외의 재료를 사용한 경우 : 오작

• 구이를 찜으로 조리하는 등과 같이 조리방법을 다르게 만든 경우 : 오작

• 불을 사용하여 만든 조리작품이 작품특성에 벗어나는 정도로 타거나 익지 않은 경우 : 실격

• 가스레인지 화구를 2개 이상 사용한 경우 : 실격

• 시험 중 시설·장비(칼, 가스레인지 등) 사용 시 감독위원 및 타 수험자의 시험 진행에 위협이 될 것으로 감독위원 전원이 합의하여 판단한 경우 : 실격

지급재료

메밀국수(생면 또는 건면) 150g, 무 60g, 실파(2뿌리) 40g, 김 1/2장, 고추냉이(와사비분) 10g, 가다랑어포(가쓰오부시) 10g, 건다시마(5×10cm) 1장, 진간장 50㎖, 백설탕 25g, 청주 15㎖, 맛술(미림) 10㎖, 각얼음 1kg

만드는 법

❶ 재료를 확인 후 분리하고 김은 눅눅해지지 않도록 다른 곳에 보관한다.

❷ 다시마는 젖은 면포로 닦아 찬물 3컵 정도에 넣고 서서히 끓이는데 끓으면 다시마는 건져내고 가쓰오부시를 넣고 불을 끈 뒤 5분 후에 면포에 맑게 걸러낸다.

❸ 냄비에 다시물 1컵, 간장 2큰술, 설탕 2작은술, 맛술 1작은술, 청주 1작은술을 넣고 잠깐 끓여 얼음 위에 올려 차갑게 식혀서 소바다시를 만든다.

❹ 무는 껍질 제거 후 강판에 갈아서 찬물에 씻어 물기를 제거한다.

❺ 실파는 송송 채 썰어서 찬물에 씻어 물기 제거 후 와사비는 찬물을 넣고 농도를 살펴가며 개어서 준비해 둔다.

❻ 메밀국수는 끓는 물에 동그랗게 펼쳐서 넣고 끓어오르면 찬물을 3~4번 정도 넣어가며 삶는다.

❼ 삶아진 메밀국수를 찬물과 얼음으로 차게 헹군 후 사리지어 접시 위에 김발을 펴서 담는다.

❽ 김은 불에 구운 후 하리기리처럼 채 썰어 메밀국수 위에 올린다.

❾ 작은 그릇 위에 야쿠미를 담아내고 소바다시와 메밀국수를 각가 따로 담아서 제출한다.

Tip

- 메밀국수는 삶아서 반드시 찬물에 씻은 후 얼음으로 차갑게 사용해야 한다.
- 메밀국수의 야꾸미(양념)는 각각 따로 담아 준비한다.
- 김은 구운 후 가늘게 채 썰어(하리쇼가) 준비한다.

냄비조리

분류번호	1301010405_16v3
능력단위 명칭	일식 냄비조리
능력단위 정의	일식 냄비조리는 생선 등 식재료를 사용하여 용도에 맞게 냄비조리를 할 수 있는 능력이다.

능력단위요소	수행준거
1301010405_16v3.1 냄비재료 준비하기	1.1 주재료를 용도에 맞게 손질할 수 있다. 1.2 부재료를 용도에 맞게 손질할 수 있다. 1.3 양념재료를 준비할 수 있다.
	지식 · 가다랑어포의 종류 및 성분 · 다시마의 종류 및 성분 · 맛국물의 종류 · 식재료 관리 · 조리용 냄비의 종류와 용도
	기술 · 가다랑어포의 선별 능력 · 국물 우려내는 기술 · 다시마의 선별 능력 · 불 조절 능력 · 식재료 처리기술 · 초간장과 양념 조리기술
	태도 · 반복 훈련 태도 · 안전 수칙 준수 태도 · 위생 관리 태도 · 조리도구 청결 관리 태도
1301010405_16v3.2 냄비국물 우려내기	2.1 용도에 맞게 국물을 우려낼 수 있다. 2.2 국물재료의 종류에 따라 불의 세기를 조절할 수 있다. 2.3 국물재료의 종류에 따라 우려내는 시간을 조절할 수 있다.

능력단위요소	수행준거
1301010405_16v3.2 냄비국물 우려내기	**지식** · 가다랑어포와 다시마 · 다시마의 종류 및 성분 · 맛국물의 종류 · 조리용어
	기술 · 가다랑어포의 선별 능력 · 다시마의 선별 능력 · 국물 우려내는 기술 · 불 조절 능력
	태도 · 반복 훈련 태도 · 안전 수칙 준수 태도 · 위생 관리 태도 · 조리도구 청결 관리 태도
1301010405_16v3.3 냄비요리 조리하기	3.1 재료특성에 따라 냄비를 선택할 수 있다. 3.2 맛국물에 재료를 넣어 용도에 맞게 끓일 수 있다. 3.3 메뉴에 따라 양념장을 조리할 수 있다.
	지식 · 식재료 관리 · 양념장의 종류와 특성 · 조리용 냄비의 종류 및 용도 · 향신료의 특성과 종류
	기술 · 냄비요리의 제공방법, 연출능력 · 메뉴별 조리능력 · 불 조절 능력 · 식재료처리 능력 · 양념장의 종류와 만드는 기술
	태도 · 반복 훈련 태도 · 안전 수칙 준수 태도 · 위생 관리 태도 · 조리도구 청결 관리 태도

적용범위 및 작업 상황

⊙ 고려사항

- 이 능력단위에는 다음 범위가 포함된다.
  - 생선, 어패류, 육류, 두부, 채소를 사용하는 냄비요리
  - 등심전골, 모둠냄비, 도미냄비, 샤브샤브, 어묵냄비 등
- 냄비요리의 양념장에는 다음과 같은 범위가 포함된다.
  - 신선한 재료를 사용하며, 어패류, 육류, 채소류 등을 적절하게 배합함.
  - 냄새가 나쁘거나 끓이면 부서지는 재료는 지양한다.
  - 감자, 무, 당근, 토란 등은 사전에 삶아서 사용하며, 곤약, 시금치, 배추 등은 데쳐서 사용한다.
  - 생선류는 국물 맛이 우러나오므로 가능한 한 빨리 끓인다.
  - 쑥갓이나 참나물, 팽이버섯 등은 살짝 익혀 고명으로 사용
  - 튀긴 재료는 찬물에 씻어 기름기를 제거 후 사용
  - 양념장은 맛술, 설탕, 간장, 정종, 흰깨, 식초, 소금, 레몬, 양파, 다시마 맛국물, 가다랑어포, 폰즈 등을 메뉴에 따라 다양하게 섞어 만들어 먹는다.

⊙ 자료 및 관련 서류

  - 용기(냄비)의 종류에 따른 열전도율 영향력/일식 전문 서적/식품위생법규
  - 조리원리 전문서적/식품영양 전문서적/식품재료 원가, 구매, 저장 전문서적
  - 식품가공 전문서적/조리도구 서적/조리도구 관리목록/식품위생
  - 산업재해법 내의 안전관리/안전관리수칙/메뉴별 조리 레시피

⊙ 장비 및 도구

  - 냄비, 철냄비, 토기냄비, 샤브샤브용 냄비
  - 칼, 도마, 계량저울, 계량컵, 계량스푼, 조리용 젓가락, 온도계, 체, 조리용 집게, 강판, 믹서기, 타이머 등
  - 조리용 화구와 가열도구, 냉장고 등
  - 조리복, 조리모, 앞치마, 조리안전화, 위생행주, 분리수거용 봉투 등

⊙ 재료

  - 어패류, 육류
  - 배추, 대파, 버섯류, 쑥갓, 당근, 무, 두부 등
  - 청주, 소금, 식초, 참깨, 고춧가루, 간장, 유자, 레몬, 맛술 등
  - 가다랑어포, 건다시마 등

자가진단

1301010405_16v3	일식 냄비조리

진단영역	진단문항	매우 미흡	미흡	보통	우수	매우 우수
냄비재료 준비하기	1. 나는 주재료를 용도에 맞게 손질할 수 있다.	①	②	③	④	⑤
	2. 나는 부재료를 용도에 맞게 손질할 수 있다.	①	②	③	④	⑤
	3. 나는 양념재료를 준비할 수 있다.	①	②	③	④	⑤
냄비국물 우려내기	1. 나는 용도에 맞게 국물을 우려낼 수 있다.	①	②	③	④	⑤
	2. 나는 국물재료의 종류에 따라 불의 세기를 조절할 수 있다.	①	②	③	④	⑤
	3. 나는 국물재료의 종류에 따라 우려내는 시간을 조절할 수 있다.	①	②	③	④	⑤
냄비요리 조리하기	1. 나는 재료특성에 따라 냄비를 선택할 수 있다.	①	②	③	④	⑤
	2. 나는 맛국물에 재료를 넣어 용도에 맞게 끓일 수 있다.	①	②	③	④	⑤
	3. 나는 메뉴에 따라 양념장을 조리할 수 있다.	①	②	③	④	⑤

진단결과

진단영역	문항 수	점 수	점수 ÷ 문항 수
냄비재료 준비하기	3		
냄비국물 우려내기	3		
냄비요리 조리하기	3		
합계	9		

※ 자신의 점수를 문항 수로 나눈 값이 '3점' 이하에 해당하는 영역은 업무를 성공적으로 수행하는 데 요구되는 능력이 부족한 것으로 교육훈련이나 개인학습을 통한 개발이 필요함.

도미냄비
たいちり | 다이지리

요구사항

※ 주어진 재료를 사용하여 다음과 같은 도미냄비를 만드시오.

㉮ 손질한 도미를 5~6cm로 자르고 머리는 반으로 갈라 소금을 뿌리시오.

㉯ 머리와 꼬리는 데친 후 불순물을 제거하시오.

㉰ 무, 당근, 배추는 삶고 다른 채소도 밑손질하시오.

㉱ 무는 은행잎, 당근은 매화 모양으로 만드시오.

㉲ 양념(야꾸미)과 초간장(폰스/지리스)을 만드시오.

유의사항

㉮ 조리작품 만드는 순서는 틀리지 않게 하여야 한다.

㉯ 숙련된 기능으로 맛을 내야 하므로 조리작업 시 음식의 맛을 보지 않는다.

㉰ 채점대상에서 제외되는 경우

— 시험시간 내에 과제 두 가지를 제출하지 못한 경우 : 미완성

— 시험시간 내에 제출된 과제라도 다음과 같은 경우

• 문제의 요구사항대로 작품의 수량이 만들어지지 않은 경우 : 미완성

• 해당과제의 지급재료 이외의 재료를 사용한 경우 : 오작

• 구이를 찜으로 조리하는 등과 같이 조리방법을 다르게 만든 경우 : 오작

• 불을 사용하여 만든 조리작품이 작품특성에 벗어나는 정도로 타거나 익지 않은 경우 : 실격

• 가스레인지 화구를 2개 이상 사용한 경우 : 실격

• 시험 중 시설·장비(칼, 가스레인지 등) 사용 시 감독위원 및 타 수험자의 시험 진행에 위협이 될 것으로 감독위원 전원이 합의하여 판단한 경우 : 실격

지급재료

도미(140~150g) 1마리, 배추 70g, 무 110g, 당근(둥근 모양으로 잘라서 지급) 60g, 대파(흰 부분 15cm) 1토막, 판두부 60g, 죽순 50g, 건다시마(5×10cm) 1장, 팽이버섯 30g, 생표고버섯(1개) 20g, 쑥갓 30g, 소금(정제염) 10g, 청주 20㎖, 고춧가루(고운 것) 5g, 실파(1뿌리) 20g, 진간장 30㎖, 식초 30㎖, 레몬 1/4개, 맛술(미림) 20㎖

만드는 법

❶ 냄비에 물 4컵을 넣고 다시마와 가쓰오부시를 이용해서 가쓰오다시를 만든다.

❷ 도미를 손질 후 머리 2쪽과 몸통, 꼬리를 등분 후 소금을 뿌려둔다.

❸ 무, 당근(잎, 꽃)을 조각한 후 끓는 물에 넣고 배추와 함께 데친 후 찬물에 담가놓는다.

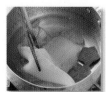

❹ 야채를 데친 물에 도미머리와 꼬리, 죽순을 데친다.

❺ 실파는 아주 곱게 썰어서 찬물에 담가놓고 두부와 생표고버섯은 별모양 칼집 넣기를 손질한다.

❻ 완성접시에 배추말이, 무, 당근, 두부, 대파, 죽순, 표고버섯, 팽이버섯, 쑥갓을 담고 양쪽으로 손질한 도미를 담고 사라모리를 완성한다.

❼ 가쓰오다시 4컵, 미림 2ts, 청주 2ts, 소금 2ts, 간장 2ts로 간을 맞추고 폰즈(다시 1.5, 간장 1, 식초 1)와 야꾸미(양념)를 함께 제출한다.

❽ 끓여낼 때 위에 거품을 제거한 후 쑥갓은 작품을 제출하기 전에 숨이 죽지 않도록 올린다.

Tip

- 도미의 비늘을 깨끗이 제거해야 되고 머리와 아가미, 내장을 한번에 제거해야 한다.
- 도미머리를 가를 때는 정중앙으로 가르는 것이 중요하다.
- 도미를 손질할 때 물기를 잘 닦아 비린 맛이 나지 않도록 하는 것이 중요하다.
- 사라모리할 경우에는 접시에 손질한 재료를 보기 좋게 담아내야 하는데 재료를 담을 때 뒤는 높게 앞은 낮게 하고 채소와 같은 부재료는 뒤쪽에, 도미 같은 주재료는 앞쪽에 놓는 것이 좋으며 조금씩 이라도 보이도록 담는 것이 중요하다.
- 도미냄비는 도미 손질방법, 무, 당근, 배추말이 국물을 맑게 끓여내는 것에 중점을 두고 있다.

모둠냄비
よせなべ | 요세나베

요구사항

※ 주어진 재료를 사용하여 다음과 같이 모둠냄비를 만드시오.

㉮ 재료는 규격에 알맞도록 썰고 삶거나 데쳐내시오.

㉯ 다시마와 가다랑어포(가쓰오부시)로 가다랑어국물
(가쓰오다시)을 만드시오.

㉰ 달걀은 끓는 물에 살짝 풀어 익혀 후끼오세다마고로
만드시오.

유의사항

㉮ 각 재료는 삶거나 데치고 먼저 넣어 끓일 것과 나중
에 마무리할 것을 구분해 둔다.

㉯ 국물(요세나베다시)을 따로 간해서 두고, 다른 준비
가 다 되었을 때 끓인다.

㉰ 조리작품 만드는 순서는 틀리지 않게 하여야 한다.

㉱ 숙련된 기능으로 맛을 내야 하므로 조리작업 시 음식
의 맛을 보지 않는다.

채점대상에서 제외되는 경우

– 시험시간 내에 과제 두 가지를 제출하지 못
한 경우 : 미완성

– 시험시간 내에 제출된 과제라도 다음과 같은 경우

• 문제의 요구사항대로 작품의 수량이 만들어
지지 않은 경우: 미완성

• 해당과제의 지급재료 이외의 재료를 사용한
경우 : 오작

• 구이를 찜으로 조리하는 등과 같이 조리방법
을 다르게 만든 경우 : 오작

• 불을 사용하여 만든 조리작품이 작품특성에 벗
어나는 정도로 타거나 익지 않은 경우 : 실격

• 가스레인지 화구를 2개 이상 사용한 경우 : 실격

• 시험 중 시설·장비(칼, 가스레인지 등) 사용
시 감독위원 및 타 수험자의 시험 진행에 위
협이 될 것으로 감독위원 전원이 합의하여
판단한 경우 : 실격

지급재료

닭고기살 20g, 차새우(10±2cm 정도) 1마리, 무 60g, 찜어묵(판어묵 : 가마보꼬) 30g, 갑오징어몸살(오징어 대체 가능) 50g, 백합조개(개당 40g 정도, 5cm 내외 ; 모시조개로 대체 가능) 1개, 당근(둥근 모양으로 잘라서 지급) 60g, 배추(2장 정도) 80g, 대파(흰 부분 15cm) 1토막, 생표고버섯(1개) 20g, 팽이버섯 30g, 판두부 70g, 흰 생선살 50g, 달걀 1개, 건다시마(5×10cm) 1장, 쑥갓 30g, 죽순 30g, 청주 30㎖, 진간장 10㎖, 소금(정제염) 10g, 가다랑어포(가쓰오부시) 20g, 이쑤시개 1개

만드는 법

❶ 쑥갓은 찬물에 담가서 체에 밭쳐놓고 조개는 소금물에 해감시키고 냄비에 물을 넣고 가쓰오부시를 이용해서 가쓰오다시를 준비한다.

❷ 닭고기는 손질 후 청주, 간장으로 밑간을 하고 흰 생선도 소금, 청주로 밑간해 두고 새우는 꼬치로 내장을 제거 후 갑오징어살은 내장 쪽에 칼집을 넣고 어묵은 칼로 물결무늬의 모양을 낸다.

❸ 무, 당근(잎, 꽃)을 조각한 후 끓는 물에 소금을 넣고 배추와 함께 데친다.

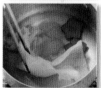

❹ 야채를 데친 물에 석회질을 제거한 죽순과 모든 해물, 닭고기 등을 데쳐서 찬물에 헹궈 놓는다.

❺ 데친 물에 3컵 정도만 남기고 계란을 곱게 풀어서 밑간을 하고 끓는 물에 냄비를 기울여서 원을 그리듯 퍼지지 않도록 부은 다음 바로 약불로 줄여서 젓가락으로 응고 정도를 확인 후 체에 밭쳐서 물기를 빼고 김발에 말아서 모양을 잡고 찬물에 식혀서 3cm 정도로 썰어서 준비한다.(후끼요세다마고)

❻ 모든 야채, 해물을 담아 사라모리를 하고 냄비에 가쓰오다시 4컵, 간장 2ts, 소금 2ts, 청주 2ts를 넣고 잠시 끓여서 준비해 둔다.

❼ 끓여낼 때 위에 뜬 거품을 제거 후 쑥갓은 작품 제출 전에 숨이 죽지 않도록 올린다.

Tip

- 냄비요리는 국물의 시각적인 색상과 맑게 만든 완성품이 포인트이다.
- 후끼요세다마고가 능숙한지에 중점을 두어야 한다.
- 시험장에서 모둠냄비는 모든 재료, 해물, 야채 손질방법, 국물을 맑게 끓이는 데 중점을 두어야 한다.

전골냄비
すきやき | 스끼야끼

요구사항

※ 주어진 재료를 사용하여 전골냄비를 만드시오.

㉮ 전골(스끼야끼) 양념장(다래)과 다시(국물)를 준비하시오.

㉯ 고기와 채소류를 각각 적합한 크기로 썰어 준비하시오.

㉰ 재료의 특성에 맞게 순서대로 볶아서 익히시오.

유의사항

㉮ 익힐 때는 다른 작품과 함께 완성되도록 하고, 생계란 1개를 같이 내야 한다.

㉯ 조리작품 만드는 순서는 틀리지 않게 하여야 한다.

㉰ 숙련된 기능으로 맛을 내야 하므로 조리작업 시 음식의 맛을 보지 않는다.

㉱ 채점대상에서 제외되는 경우

　－ 시험시간 내에 과제 두 가지를 제출하지 못한 경우 : 미완성

　－ 시험시간 내에 제출된 과제라도 다음과 같은 경우

· 문제의 요구사항대로 작품의 수량이 만들어지지 않은 경우 : 미완성

· 해당과제의 지급재료 이외의 재료를 사용한 경우 : 오작

· 구이를 찜으로 조리하는 등과 같이 조리방법을 다르게 만든 경우 : 오작

· 불을 사용하여 만든 조리작품이 작품특성에 벗어나는 정도로 타거나 익지 않은 경우 : 실격

· 가스레인지 화구를 2개 이상 사용한 경우 : 실격

· 시험 중 시설·장비(칼, 가스레인지 등) 사용 시 감독위원 및 타 수험자의 시험 진행에 위협이 될 것으로 감독위원 전원이 합의하여 판단한 경우 : 실격

지급재료

쇠고기(등심) 100g, 대파(흰 부분 15cm) 1토막, 판두부 50g, 우엉 40g, 생표고버섯(1개) 20g, 팽이버섯 30g, 배추 70g, 양파(중) 100g, 실곤약 30g, 죽순 30g, 건다시마(5×10cm) 1장, 달걀 1개, 청주 30㎖, 백설탕 30g, 쑥갓 30g, 진간장 50㎖, 식용유 10㎖

만드는 법

❶ 쑥갓은 찬물에 담가서 체에 밭쳐서 놓고 냄비에 물 2컵을 준비하여 가쓰오다시를 준비한다.

❷ 우엉은 칼등으로 껍질을 벗기고 찬물에 헹군 후 세로로 촘촘하게 칼집을 넣고 쇠젓가락을 가운데 꽂은 후 우엉을 비슷하게 세워서 칼로 빗겨썰 듯이 우엉을 돌려가면서 썬 후(사사가끼) 갈변방지를 위해 바로 찬물에 여러 번 헹궈준 뒤 담가 놓는다.

❸ 곤약과 죽순은 끓는 물에 데쳐서 사용하고 두부는 5×2.5×1.5cm로 썰어 꼬챙이에 끼워서 구워낸다.

❹ 전골양념장은 냄비에 청주 3ts, 간장 4ts, 설탕 2ts의 비율로 설탕을 녹여서 준비한다.

❺ 대파 어슷썰기, 배추 5×3cm, 양파 반달모양 두께로, 팽이버섯은 먹기 좋은 크기로 썰어서 준비한다.

❻ 모든 재료를 보기 좋게 담고 쇠고기등심을 얇게 썰어서 사라모리를 완성한다.

❼ 전골냄비에 익히기 위해 기름을 두르고 단단한 야채부터 볶다가 나머지 재료에 곤약, 대파, 표고, 두부, 팽이, 쇠고기 등을 넣고 볶는데 전골양념장과 국물을 번갈아 조금씩 넣으면서 간을 맞춘다.

❽ 완성된 전골냄비에 쑥갓을 위에 올리고 날달걀 1개를 놓고 잘 깨서 종지에 곁들여 따로 낸다.

Tip

- 쇠고기등심은 핏물과 기름기를 제거 후 약간의 냉동상태에서 썰어야 얇게 썰 수 있다.
- 우엉은 연필깎기(사사가끼)하여 물에 담가 갈변현상을 방지한다.
- 등심은 장시간 끓으면 질겨진다.
- 전골냄비를 끓일 때에는 센 불에서 끓이면 전골냄비 국물이 탁해진다.
- 시험장에서는 각종 야채재료, 쇠고기등심 손질방법 등을 잘 이용해야 하고 준비된 재료를 모양있게 담는 사리모리 등을 익히며 볶는 순서에 중점을 두고 있다.

꼬치냄비

おでん | 오뎅

시험시간
40분

요구사항

※ 주어진 재료를 사용하여 다음과 같이 꼬치냄비를 만드시오.

㉮ 어묵(오뎅)은 용도에 맞게 자르시오.(단, 사각형으로 된 어묵(오뎅)은 5cm 정도로 잘라 사용한다.)

㉯ 다시마는 매듭을 만들고, 당근은 벚꽃 모양으로 만드시오.

㉰ 곤약은 길이 7cm, 폭 3cm 정도 잘라서 꼬인 상태로 만들어 사용하시오.

꼬인 상태

㉱ 쇠고기, 실파, 목이버섯, 당면, 배추, 당근으로 일본식 잡채를 만들어서 유부에 넣고 데친 실파로 묶으시오.

㉲ 겨자와 간장을 함께 곁들이오.

유의사항

㉮ 무 삶기와 곤약 조림에 유의한다.

㉯ 재료의 전처리에 유의한다.

㉰ 조리작품 만드는 순서는 틀리지 않게 하여야 한다.

㉳ 숙련된 기능으로 맛을 내야 하므로 조리작업 시 음식의 맛을 보지 않는다.

㉴ 채점대상에서 제외되는 경우

– 시험시간 내에 과제 두 가지를 제출하지 못한 경우: 미완성

– 시험시간 내에 제출된 과제라도 다음과 같은 경우

• 문제의 요구사항대로 작품의 수량이 만들어지지 않은 경우: 미완성

• 해당과제의 지급재료 이외의 재료를 사용한 경우 : 오작

• 구이를 찜으로 조리하는 등과 같이 조리방법을 다르게 만든 경우 : 오작

• 불을 사용하여 만든 조리작품이 작품특성에 벗어나는 정도로 타거나 익지 않은 경우 : 실격

• 가스레인지 화구를 2개 이상 사용한 경우 : 실격

• 시험 중 시설·장비(칼, 가스레인지 등) 사용 시 감독위원 및 타 수험자의 시험 진행에 위협이 될 것으로 감독위원 전원이 합의하여 판단한 경우 : 실격

지급재료

어묵(사각형, 완자, 구멍난 것) 180g, 판곤약 50g, 당근(둥근 모양으로 잘라서 지급) 60g, 무 70g, 쑥갓 30g, 건다시마(5×10cm) 1장, 가다랑어포(가쓰오부시) 10g, 진간장 30㎖, 청주 15㎖, 맛술(미림) 15㎖, 소금(정제염) 2g, 대꼬챙이(20cm 정도) 2개, 달걀(삶은 것) 1개, 겨잣가루 10g, 유부 2장, 쇠고기 30g, 실파(2뿌리) 40g, 목이버섯 5g, 당면 10g, 배추(1/2장) 50g, 식용유 30㎖, 검은 후춧가루 5g

만드는 법

❶ 당면과 목이버섯을 물에 불리고 물 1L에 가쓰오부시를 이용해서 가쓰오다시를 준비한다.

❷ 무를 밤 크기로 썰어서 다듬고 당근은 매화꽃으로 만들고 곤약은 7cm, 폭 3cm, 두께 0.5cm로 썰어서 가운데 칼집을 넣고 사각어묵은 5cm로 썰고 구멍어묵은 2cm 길이로 자른다.

❸ 불린 목이버섯, 쇠고기, 실파, 배추, 당근을 곱게 채 썰어 당면과 함께 일본식 잡채를 만든다.

❹ 냄비에 물을 붓고 끓으면 소금을 넣고 당면을 삶으면서 실파를 데치면서 겨자를 개고 곤약, 당근, 무를 먼저 삶아내고 어묵과 유부를 데쳐서 찬물에 주물러 기름기를 충분히 제거한다.

❺ 다시 5ts, 간장 1/2ts, 미림 1/2ts을 넣고 곤약, 무, 달걀을 옅은 갈색이 되도록 조려둔다.

❻ 다시마는 길이 10cm, 폭 2cm 정도로 썰어서 매듭을 2개 준비하고 유부주머니에 잡채 재료를 채워서 데친 실파로 묶고 계란은 반으로 갈라서 준비한다.

❼ 가쓰오다시 4컵, 간장 2ts, 미림 1ts, 청주 1ts, 소금 1/2ts으로 간을 하고 모든 재료를 담아 살짝 끓여낸 후 쑥갓을 다듬어 올려서 완성한다.

❽ 따뜻한 물에 개어둔 겨자를 나뭇잎모양으로 칼집을 넣어 종지에 담고 간장 2ts을 부어서 낸다.

Tip

- 가쓰오다시의 국물은 맑게 나와야 한다.
- 어묵을 데칠 때에는 기름기를 제거 후 붙지 않도록 데친다.
- 무를 밤 크기로 썰어서 충분히 삶아주어야 한다.
- 한번 끓어오르면 은근히 끓여야 하고 거품과 불순물을 제거 후 달걀은 마지막에 반으로 잘라 넣는데 노른자로 인해 국물이 탁해지지 않도록 한다.

평가 영역		평가 문항	매우 미흡	미흡	보통	우수	매우 우수
복어 위생 관리 조리 실무	개인위생 관리하기	· 위생관리기준에 따라 조리복, 조리모, 앞치마, 조리안전화 등을 착용할 수 있다.	①	②	③	④	⑤
		· 두발, 손톱, 손 등 신체청결을 유지하고 작업 수행 시 위생습관을 준수할 수 있다.	①	②	③	④	⑤
		· 근무 중의 흡연, 음주, 취식 등에 대한 작업장 근무수칙을 준수할 수 있다.	①	②	③	④	⑤
		· 위생관련법규에 따라 질병, 건강검진 등 건강 상태를 관리하고 보고할 수 있다.	①	②	③	④	⑤
	식품위생 관리하기	· 식품의 유통기한·품질 기준을 확인하여 위생 적인 선택을 할 수 있다.	①	②	③	④	⑤
		· 채소·과일의 농약 사용여부와 유해성을 인식 하고 세척할 수 있다.	①	②	③	④	⑤
		· 식품의 위생적 취급기준을 준수할 수 있다.	①	②	③	④	⑤
		· 식품의 반입부터 저장, 조리과정에서 유독성, 유해물질의 혼입을 방지할 수 있다.	①	②	③	④	⑤
	주방위생 관리하기	· 주방 내에서 교차오염 방지를 위해 조리생산 단계별 작업공간을 구분하여 사용할 수 있다.	①	②	③	④	⑤
		· 주방위생에 있어 위해요소를 파악하고, 예방 할 수 있다.	①	②	③	④	⑤
		· 주방, 시설 및 도구의 세척, 살균, 해충·해서 방제작업을 정기적으로 수행할 수 있다.	①	②	③	④	⑤
		· 시설 및 도구의 노후상태나 위생상태를 점검 하고 관리할 수 있다.	①	②	③	④	⑤

평가 영역		평가 문항	매우 미흡	미흡	보통	우수	매우 우수
복어 안전 관리 조리 실무	개인안전 관리하기	· 안전관리 지침서에 따라 개인 안전관리 점검 표를 작성할 수 있다.	①	②	③	④	⑤
		· 개인안전사고 예방을 위해 도구 및 장비의 정 리정돈을 상시 할 수 있다.	①	②	③	④	⑤
		· 주방에서 발생하는 개인 안전사고의 유형을 숙지시키고 예방을 위한 안전수칙을 교육할 수 있다.	①	②	③	④	⑤
		· 주방 내 필요한 구급품이 적정 수량 비치되었 는지 확인하고 개인 안전 보호 장비를 정확하 게 착용하여 작업할 수 있다.	①	②	③	④	⑤
		· 개인이 사용하는 칼에 대해 사용안전, 이동안 전, 보관안전을 수행할 수 있다.	①	②	③	④	⑤
		· 개인의 화상사고, 낙상사고, 근육팽창과 골절 사고, 절단사고, 전기기구에 인한 전기 쇼크 사고, 화재사고와 같은 사고 예방을 위해 주의 사항을 숙지하고 실천할 수 있다.	①	②	③	④	⑤
		· 개인 안전사고 발생 시 신속 정확한 응급조치를 실시하고 재발 방지 조치를 실행할 수 있다.	①	②	③	④	⑤
	장비· 도구 안전작업 하기	· 조리장비·도구에 대한 종류별 사용방법에 대 해 주의사항을 숙지할 수 있다.	①	②	③	④	⑤
		· 조리장비·도구를 사용 전 이상 유무를 점검 할 수 있다.	①	②	③	④	⑤
		· 안전 장비 류 취급 시 주의사항을 숙지하고 실 천할 수 있다.	①	②	③	④	⑤
		· 조리장비·도구를 사용 후 전원을 차단하고 안전수칙을 지키며 분해하여 청소할 수 있다.	①	②	③	④	⑤
		· 무리한 조리장비·도구 취급은 금하고 사용 후 일정한 장소에 보관하고 점검할 수 있다.	①	②	③	④	⑤
		· 모든 조리장비·도구는 반드시 목적 이외의 용 도로 사용하지 않고 규격품을 사용할 수 있다.	①	②	③	④	⑤

평가 영역		평가 문항	매우 미흡	미흡	보통	우수	매우 우수
복어 안전 관리 조리 실무	작업환경 안전관리 하기	· 작업환경 안전관리 시 작업환경 안전관리 지침서를 작성할 수 있다.	①	②	③	④	⑤
		· 작업환경 안전관리 시 작업장주변 정리 정돈 등을 관리 점검할 수 있다.	①	②	③	④	⑤
		· 작업환경 안전관리 시 제품을 제조하는 작업장 및 매장의 온·습도관리를 통하여 안전사고요소 등을 제거할 수 있다.	①	②	③	④	⑤
		· 작업장 내의 적정한 수준의 조명과 환기, 이물질, 미끄럼 및 오염을 방지할 수 있다.	①	②	③	④	⑤
		· 작업환경에서 필요한 안전관리시설 및 안전용품을 파악하고 관리할 수 있다.	①	②	③	④	⑤
		· 작업환경에서 화재의 원인이 될 수 있는 곳을 자주 점검하고 화재진압기를 배치하고 사용할 수 있다.	①	②	③	④	⑤
		· 작업환경에서의 유해, 위험, 화학물질을 처리 기준에 따라 관리할 수 있다.	①	②	③	④	⑤
		· 법적으로 선임된 안전관리책임자가 정기적으로 안전교육을 실시하고 이에 참여할 수 있다.	①	②	③	④	⑤
복어 재료 관리 조리 실무	저장관리 하기	· 식재료 품목특성을 파악하여 냉동 저장관리 할 수 있다.	①	②	③	④	⑤
		· 식재료 품목특성을 파악하여 냉장 저장관리 할 수 있다.	①	②	③	④	⑤
		· 식재료 및 주방소모품은 품목특성을 파악하여 창고 저장 관리할 수 있다.	①	②	③	④	⑤
		· 저장고의 온도, 습도, 통풍 등을 관리하고 정리정돈을 할 수 있다.	①	②	③	④	⑤
	재고관리 하기	· 물품의 재고 수량을 확인할 수 있다.	①	②	③	④	⑤
		· 재료의 제조일자와 유통기한을 확인하고 상비량과 사용시기를 조절할 수 있다.	①	②	③	④	⑤
		· 재료 유실방지 및 보안 관리를 할 수 있다.	①	②	③	④	⑤

평가 영역		평가 문항	매우 미흡	미흡	보통	우수	매우 우수
일식 재료 관리	선입선출 관리하기	· 조리된 재료의 제조일자에 따라 이름표를 붙이고 선·후로 적재하여 신선상태와 숙성상태를 관리할 수 있다.	①	②	③	④	⑤
		· 물품의 입고된 순서와 유통기한에 따라 선·후로 정리할 수 있다.	①	②	③	④	⑤
		· 선입된 재료 순서에 따라 선출할 수 있다.	①	②	③	④	⑤
복어 기초 조리 실무	기본 칼기술 습득하기	· 칼의 종류와 사용용도를 이해할 수 있다.	①	②	③	④	⑤
		· 기본 썰기방법을 습득할 수 있다.	①	②	③	④	⑤
		· 조리목적에 맞게 식재료를 썰 수 있다.	①	②	③	④	⑤
	기본기능 습득하기	· 복어 기본양념에 대한 지식을 이해하고 습득할 수 있다.	①	②	③	④	⑤
		· 복어 곁들임에 대한 지식을 이해하고 습득할 수 있다.	①	②	③	④	⑤
		· 복어 기본 맛국물조리에 대한 지식을 이해하고 습득할 수 있다.	①	②	③	④	⑤
		· 복어 기본 재료에 대한 지식을 이해하고 습득할 수 있다.	①	②	③	④	⑤
	기본 조리 방법 습득하기	· 복어 조리도구의 종류 및 용도에 대하여 이해하고 습득할 수 있다.	①	②	③	④	⑤
		· 계량방법을 습득할 수 있다.	①	②	③	④	⑤
		· 복어 기본 조리법에 대한 지식을 이해하고 습득할 수 있다.	①	②	③	④	⑤
		· 조리 업무 전과 후의 상태를 점검할 수 있다.	①	②	③	④	⑤
복어 부재료 손질	채소 손질하기	· 채소를 용도별로 구분할 수 있다.	①	②	③	④	⑤
		· 채소를 용도별로 손질할 수 있다.	①	②	③	④	⑤
		· 채소를 신선하게 보관할 수 있다.	①	②	③	④	⑤
	복떡 굽기	· 복떡을 용도에 맞게 전처리할 수 있다.	①	②	③	④	⑤
		· 복떡을 쇠꼬챙이에 꿸 수 있다.	①	②	③	④	⑤
		· 복떡을 타지 않게 구울 수 있다.	①	②	③	④	⑤

평가 영역		평가 문항	매우 미흡	미흡	보통	우수	매우 우수
복어 양념장 준비	초간장 만들기	· 초간장 제조에 필요한 재료를 준비할 수 있다.	①	②	③	④	⑤
		· 재료를 비율에 맞게 혼합하여 초간장을 만들 수 있다.	①	②	③	④	⑤
		· 초간장을 용도에 맞게 숙성시킬 수 있다.	①	②	③	④	⑤
	양념 만들기	· 양념 제조에 필요한 재료를 준비할 수 있다.	①	②	③	④	⑤
		· 양념 재료를 용도에 맞게 손질할 수 있다.	①	②	③	④	⑤
		· 양념 구성 재료를 이용하여 양념을 만들 수 있다.	①	②	③	④	⑤
	조리별 양념장 만들기	· 조리별 양념장 제조에 필요한 재료를 준비할 수 있다.	①	②	③	④	⑤
		· 조리별 양념장 재료를 용도에 맞게 손질할 수 있다.	①	②	③	④	⑤
		· 재료를 이용하여 조리별 양념장을 만들 수 있다.	①	②	③	④	⑤
복어 껍질 초회 조리	복어껍질 준비하기	· 복어껍질의 가시를 완전히 제거할 수 있다.	①	②	③	④	⑤
		· 손질된 복어껍질을 데치고 건조시킬 수 있다.	①	②	③	④	⑤
		· 건조된 복어껍질을 초회용으로 채 썰 수 있다.	①	②	③	④	⑤
	복어 초회 양념 만들기	· 재료의 비율에 맞게 초간장을 만들 수 있다.	①	②	③	④	⑤
		· 양념재료를 이용하여 양념을 만들 수 있다.	①	②	③	④	⑤
		· 초간장과 양념으로 초회양념을 만들 수 있다.	①	②	③	④	⑤
	복어 껍질 무치기	· 재료의 배합비율을 용도에 맞게 조절할 수 있다.	①	②	③	④	⑤
		· 채 썬 복어껍질을 초회양념으로 무칠 수 있다.	①	②	③	④	⑤
		· 복어껍질초회를 제시된 모양으로 담아낼 수 있다.	①	②	③	④	⑤
복어 죽 조리	복어 맛국물 준비하기	· 맛국물을 내기 위한 전처리 작업을 할 수 있다.	①	②	③	④	⑤
		· 다시마로 맛국물을 낼 수 있다.	①	②	③	④	⑤
		· 복어 뼈로 맛국물을 내기 위해 준비할 수 있다.	①	②	③	④	⑤

평가 영역		평가 문항	매우 미흡	미흡	보통	우수	매우 우수
복어 죽 조리	복어 죽재료 준비하기	· 밥을 물에 씻어 복어죽 용도로 준비할 수 있다.	①	②	③	④	⑤
		· 쌀을 씻어 불려서 복어죽 용도로 준비할 수 있다.	①	②	③	④	⑤
		· 부재료를 복어 죽용으로 준비할 수 있다.	①	②	③	④	⑤
	복어 죽 끓여서 완성하기	· 불린 쌀과 복어살 등으로 복어죽을 만들 수 있다.	①	②	③	④	⑤
		· 씻은 밥과 복어살 등으로 복어죽을 만들 수 있다.	①	②	③	④	⑤
		· 복어죽의 종류별 차이점을 설명할 수 있다.	①	②	③	④	⑤
복어 술 제조	복어 지느러미술 만들기	· 복어 지느러미를 복어술용으로 전처리할 수 있다.	①	②	③	④	⑤
		· 전처리한 지느러미를 복어술용으로 구울 수 있다.	①	②	③	④	⑤
		· 복어 지느러미와 뜨거운 청주로 복어 지느러미술을 제조할 수 있다.	①	②	③	④	⑤
	복어 정소술 만들기	· 복어 정소를 복어술용으로 전처리할 수 있다.	①	②	③	④	⑤
		· 전처리한 정소를 복어술용으로 구울 수 있다.	①	②	③	④	⑤
		· 복어 정소와 뜨거운 청주로 복어 정소술을 제조할 수 있다.	①	②	③	④	⑤
	복어 살술 만들기	· 복어살을 복어술용으로 전처리할 수 있다.	①	②	③	④	⑤
		· 전처리한 복어살을 복어술용으로 구울 수 있다.	①	②	③	④	⑤
		· 복어살과 뜨거운 청주로 복어살 술을 제조할 수 있다.	①	②	③	④	⑤

평가결과

영역	점수
직업기초능력	
직무수행능력	
합 계	

복어회

ふぐのさしみ | 후구노 사시미

요구사항

※ 주어진 재료를 사용하여 다음과 같이 복어회를 만드시오.

㉮ 복의 겉껍질과 속껍질을 분리하여 손질하고, 가시를 제거하시오.

㉯ 복어지리용 채소(무, 당근 등)는 모양(은행잎, 매화꽃 등) 내어 사용하시오.

㉰ 뼈는 5cm 크기로 토막을 내시오.

㉱ 완성품은 본스쇼우, 야꾸미와 함께 모양 있게 담아내시오.

유의사항

㉮ 독성분 제거, 껍질처리 등 복어의 손질에 유의한다.

㉯ 복어지리의 채소 색깔 및 모양에 유의한다.

㉰ 복어회의 포 뜨기에 유의한다.

㉱ 곁들이는 본스쇼우와 야꾸미 만드는 데 유의한다.

㉲ 독 제거작업과 작업 후 안전처리가 완전하지 않은 경우 채점대상에서 제외된다.

㉳ 불을 사용하여 만든 조리작품은 반드시 익어야 한다.

㉴ 실기시험 전 과정을 응시하지 않은 경우, 미완성으로 채점대상에서 제외된다.

㉵ 조리작품 만드는 순서는 틀리지 않게 하여야 한다.

㉶ 숙련된 기능으로 맛을 내야 하므로 조리작업 시 음식의 맛을 보지 않는다.

지급재료

복어(중, 600g 정도) 1마리, 당근(길이 7cm 정도, 곧은 것) 50g, 무 100g, 배추 250g, 생표고버섯(중) 20g, 대파(뿌리부위 포함) 1대, 팽이버섯 10g, 두부(1모=500g 정도) 1/6모, 찹쌀떡(또는 떡국용 가래떡) 15g, 미나리(줄기부분, 약 5대 정도) 20g, 건다시마(5×10cm) 1장, 실파(약 5대 정도) 10g, 레몬 1/8쪽, 진간장 30㎖, 식초 30㎖, 가쓰오부시 10g, 소금(정제염) 10g, 고춧가루(고운 것) 2g, 청주 20㎖

만드는 법

❶ 재료를 확인하고 분리를 한다.

❷ 복어를 밑손질 후 복어살은 소금물에 담갔다가 물기를 제거 후 배 쪽과 등 쪽의 질긴 껍질을 벗겨낸 후 면포에 싸둔다.

❸ 미나리 길이는 5cm 정도로 잘라둔다.

❹ 지느러미를 소금으로 씻은 후 접시에 놓고 나비모양으로 만들어 말려둔다.

❺ 물을 끓이면 등 쪽 껍질, 배 쪽 속껍질을 데쳐서 찬물에 헹궈 물기를 제거 후 길이 5cm 정도로 데바칼로 채 썰어 놓는다.

❻ 복어회는 둥근 접시에 왼쪽 편에 준비하고 도마 옆에 행주의 물기를 적당히 흡수되도록 적신 후 도마 오른쪽에 놓는다.

❼ 복어회는 시계 반대방향으로 겹쳐 놓아 모양을 만든다.

❽ 모양이 부채살처럼 되도록 하고 아주 얇게 포를 뜬다.

❾ 남은 복어살은 채 썰어 중앙에 담고 지느러미를 세우고 미나리를 놓고 양옆으로 준비된 껍질살을 가지런히 놓고 등 쪽 껍질을 갈매기 모양으로 만들어 장식한다.

❿ 다시, 간장, 식초를 각각 1큰술 섞어 폰즈를 만든다.

⓫ 복어회에 폰즈와 야꾸미를 곁들여서 복어의 완성작품을 낸다.

Tip

• 복어의 독성분 제거, 껍질처리, 복어의 손질에 유의해야 한다.

• 복어회의 생명은 포 뜨기에 중점을 두어야 한다.

• 시험장에서 복어의 손질방법에 제일 중요한 포인트를 두어야 한다.

복어지리
ふぐちり | 후구지리

시험시간
60분

요구사항

※ 주어진 재료를 사용하여 다음과 같이 복어지리를 만드시오.

㉮ 복의 겉껍질과 속껍질을 분리하여 손질하고, 가시를 제거하시오.

㉯ 복어지리용 채소(무, 당근 등)는 모양(은행잎, 매화꽃 등) 내어 사용하시오.

㉰ 뼈는 5cm 크기로 토막을 내시오.

㉱ 완성품은 본스쇼우, 야꾸미와 함께 모양 있게 담아내 시오.

유의사항

㉮ 독성분 제거, 껍질처리 등 복어의 손질에 유의한다.

㉯ 복어지리의 채소 색깔 및 모양에 유의한다.

㉰ 복어회의 포 뜨기에 유의한다.

㉱ 곁들이는 본스쇼우와 야꾸미 만드는 데 유의한다.

㉲ 독 제거작업과 작업 후 안전처리가 완전하지 않은 경우 채점대상에서 제외된다.

㉳ 불을 사용하여 만든 조리작품은 반드시 익어야 한다.

㉴ 실기시험 전 과정을 응시하지 않은 경우, 미완성으로 채점대상에서 제외된다.

㉵ 조리작품 만드는 순서는 틀리지 않게 하여야 한다.

㉶ 숙련된 기능으로 맛을 내야 하므로 조리작업 시 음식 의 맛을 보지 않는다.

지급재료

복어(중, 600g 정도) 1마리, 당근(길이 7cm 정도, 곧은 것) 50g, 무 100g, 배추 250g, 생표고버섯(중) 20g, 대파(뿌리부위 포함) 1대, 팽이버섯 10g, 두부(1모=500g 정도) 1/6모, 찹쌀떡(또는 떡국용 가래떡) 15g, 미나리(줄기부분, 약 5대 정도) 20g, 건다시마(5×10cm) 1장, 실파(약 5대 정도) 10g, 레몬 1/8쪽, 진간장 30㎖, 식초 30㎖, 가쓰오부시 10g, 소금(정제염) 10g, 고춧가루(고운 것) 2g, 청주 20㎖

만드는 법

❶ 재료를 확인 후 잘 분리한다.

❷ 냄비에 물을 4컵 붓고 다시마를 넣고 복어 껍질 쪽의 수분을 제거하여 도마에 올려놓고 야채를 세척하면서 배추의 줄기와 잎 부분을 잘라서 포개 놓는다.

❸ 데바칼로 복어의 지느러미, 날개지느러미 등을 제거한다.

❹ 복어의 코뼈와 윗니의 중간에 데바칼로 꽂아 주둥이를 없애버린다.

❺ 옆 껍질을 데바로 벗기고 아가미에 왼손검지를 넣고 꼬리까지 칼을 넣어서 껍질을 분리하고 반대쪽도 동일한 방법으로 한다.

❻ 데바칼로 꼬리지느러미를 고정시킨 후 껍질을 꼬리에서 머리 쪽으로 벗긴다.

❼ 복어 머리의 가장 끝부분은 칼집을 넣어 아가미, 덮개를 분리하고 배 쪽의 꼬리지느러미에서 아가미 쪽을 칼로 내장부위의 살을 분리하고 날개뼈를 절단하고 반대편도 동일한 방법으로 한다.

❽ 엄지와 중지로 아가미를 잡고 검지로 혓바닥을 들어 올리고 데바로 식도를 절개하고 아가미 밑의 신장부분까지 긁어가면서 왼손으로 잡고 있는 장기를 들어 올려 몸통과 내장을 잘 분리시킨다.

❾ 머리와 몸통을 분리한 후 머리의 안구를 제거 후 머리의 중간에 데바를 넣어서 쪼갠 후 골수와 기타 장기들을 제거한다.

❿ 복어의 배꼽살을 데바로 제거하고 세 장 포 뜨기를 한다.

⓫ 복어살의 바깥쪽 속껍질을 바닥에 오게 하고 사시미로 얇게 저미서 분리한 후 가식 부분접시에 담아 놓는다.

⓬ 복어살의 바깥쪽 속껍질을 얇게 저미서 가식 부분접시에 담아놓고 복어회는 적당한 살을 다 들어서 참치 해동지에 감싸둔다.

⓭ 껍질을 위로 오도록 놓고 사시미칼로 가시를 완전히 제거한다.

⓮ 복어의 머리는 절반으로 잘라 뼈 속의 불순물을 제거 후 회를 뜨고 남은 뼈 살은 잘라 연한 소금물에 담가두고 복어 잎도 반으로 갈라 손질해 둔다.

⓯ 끓는 물에 머리뼈, 몸통뼈, 주둥이, 배꼽살 등을 살짝 데쳐서 찬물에 식혀 놓고 수분을 제거한다.

⓰ 모든 야채와 두부의 길이 5cm, 대파 5cm, 표고버섯은 기둥을 떼고 꽃모양으로 만들고 팽이버섯은 밑동을 자르고 당근, 무는 삶아 매화꽃, 은행잎 모양으로 만든다.

⓱ 각종 폰즈와 야꾸미를 준비해 둔다.

⓲ 사라모리접시의 뒤쪽 중간에 배추말이를 담고 우측에 무와 당근을 담고 왼쪽에 구운 떡과 두부를 둔다.

⓳ 대파, 팽이버섯, 미나리, 무, 당근 앞쪽에 칼집 넣은 표고버섯을 담고 데친 뼈와 머리를 앞쪽으로 오게끔 담고 사라모리를 완성한다.

⓴ 복껍질을 배 쪽과 등 쪽을 따로따로 말아서 데바칼로 곱게 채 썰어 준비한다.

㉑ 냄비에 미나리를 제외한 모든 재료를 보기 좋게 담는다.

㉒ 완성된 복지리와 폰즈, 야꾸미를 곁들여 낸다.

Tip

• 복어의 껍질과 속껍질을 잘 분리하고 가시를 잘 제거해야 한다.

• 뼈는 5cm 정도로 토막을 낸다.

• 독성분을 완전히 제거해야 한다.

참고문헌

기초일본요리, 구본호, 백산출판사(2008, 2016)

세계음식문화, 김의근 외 4인, 백산출판사(2013)

식품재료사전, 한국사전연구사(1997)

일본요리입문, 정우석·황수정, 백산출판사(2013)

일식복어중식 조리기능사실기, 한국식음료외식조리교육협회, 백산출판사(2017)

주방관리실무론, 김기영, 백산출판사(2004)

최신일본요리, 성기협·문승권·박종희·이정기·송병구, 백산출판사(2015, 2016)

すし技術敎科書(關西ずし), 早嶋 健(1997), 旭室出版

すしの技 すしの任事, 野本信夫(2000), 株式會社 柴田書店

日本料理技術大系 獻立料理集, 阿部孤柳(2001), 株式會社ジャパンアート

和食の包丁技術人氣, 早嶋 健(2001), 旭屋出版

漬け物百科, 山本昌之(2005), 家の光協會

저자약력

윤중석
- 現 경민대학교 평생교육원 호텔조리전공 지도교수
- 관광학 박사
- ASEM 26개국 아시아 유럽 경제 정상회의 리셉션 및 만찬 참여
- 日本 동경 무사시노조리사전문학교 회석 요리과정 수료
- Grand Intercontinental Hotels Seoul Parnas
- (사)한국조리협회 상임이사
- 대한민국 국제요리경연대회 심사위원
- 대한민국 국가대표 조리팀

경영일
- 現 동부산대학교 호텔외식조리과 교수
- 경기대학교 대학원 외식조리관리전공 관광학 박사
- 경기대학교 대학원 외식서비스경영전공 관광학 석사
- 조리기능사, 조리산업기사 실기시험 심사위원
- 호텔 리츠칼튼 서울 근무
- 서울올림픽 프레스센터 근무
- 호텔미란다 근무

이현석
- 現 The Glorification of a Sea 대표이사
- 이학 석사
- 대한민국 조리기능장
- Lexington Hotel Yoido 조리팀장
- 한국산업인력공단 조리기능사, 산업기사, 기능장 출제위원 및 감독위원
- 요리대회 심사위원
- NCS 개발 전문가 참여
- NCS 과정 평가형 기술자격 개발 참여

김정은
- 現 배화여자대학교 전통조리학과 교수
- 日本 소화여자대학 식품영양학과 학사
- 日本 핫토리 영양전문학교 조리사 계열 졸업
- 日本 여자영양대학 영양학 석사
- 日本 세이토쿠대학 영양학 박사
- 대기업 외식업체자문 및 한돈축산자조금 홍보대사

저자와의
합의하에
인지첩부
생략

일본요리 -NCS 기반-

2017년 8월 25일 초판 1쇄 인쇄
2017년 8월 30일 초판 1쇄 발행

지은이 윤중석 · 이현석 · 경영일 · 김정은
펴낸이 진욱상
펴낸곳 (주)백산출판사
교 정 편집부
본문디자인 장진희
표지디자인 오정은

등 록 2017년 5월 29일 제406-2017-000058호
주 소 경기도 파주시 회동길 370(백산빌딩 3층)
전 화 02-914-1621(代)
팩 스 031-955-9911
이메일 edit@ibaeksan.kr
홈페이지 www.ibaeksan.kr

ISBN 979-11-961261-2-4
값 22,000원